微/藻/生/物/学

秦松 陈军 总主编

『十四五』国家重点出版物出版规划项目

实用微藻技术

第二卷

邢荣莲 崔玉琳 王康 主编

山东科学技术出版社

·济南·

图书在版编目（CIP）数据

实用微藻技术 / 邢荣莲，崔玉琳，王康主编. 济南 ：山东科学技术出版社，2025. 5. -- (微藻生物学 / 秦松，陈军总主编). -- ISBN 978-7-5723-2419-2

Ⅰ. Q949.2

中国国家版本馆 CIP 数据核字第 2024BP7517 号

实用微藻技术

SHIYONG WEIZAO JISHU

统　　筹：郑淑娟
责任编辑：刘大诚　周建辉　郭芮彤
装帧设计：孙　佳

主管单位：山东出版传媒股份有限公司
出 版 者：山东科学技术出版社
地址：济南市市中区舜耕路 517 号
邮编：250003　电话：（0531）82098088
网址：www.lkj.com.cn
电子邮件：sdkj@sdcbcm.com
发 行 者：山东科学技术出版社
地址：济南市市中区舜耕路 517 号
邮编：250003　电话：（0531）82098067
印 刷 者：济南新先锋彩印有限公司
地址：济南市工业北路 188–6 号
邮编：250100　电话：（0531）88615699

规格： 16 开（184 mm × 260 mm）
印张： 11　**字数：** 162 千
版次： 2025 年 5 月第 1 版　**印次：** 2025 年 5 月第 1 次印刷
定价： 68.00 元

编委会

主　　编　邢荣莲　崔玉琳　王　康

参编人员（按姓氏笔画排序）

王　康　邢荣莲　孙　杰　孙中亮　孙东红

肖玉朋　徐友信　崔玉琳

序

PREFACE

微藻是一类具有高光合利用率的低等生物，也是主要的初级生产力来源，进行了全球约50%的光合作用，以此提供了全世界70%的食物来源。微藻是一个庞大的类群，包括几十万至数百万个物种，而高等植物仅包括25万个物种；在进化层面，微藻是介于细菌等原核生物与高等植物之间的生物类群，兼具微生物和高等植物的特点，具有丰富的物种多样性和特异性。近年来，在微藻规模化培养等技术的推动下，微藻以其独特的生物学性质和物质组成，在食品、化妆品、水产养殖、生物固碳等多个领域实现了广泛应用，产业发展迅速，对社会经济发展的推动作用日益加强。

秦松研究员及其团队多年来致力于微藻的科学研究与应用推广，对于微藻学科和微藻产业的发展具有深刻的理解和责任感。此前秦松研究员已参与编著《海藻遗传学》等专著，此次会同微藻研究的专家和微藻产业的主要技术骨干，编写了《微藻生物学》，进一步凝练、提升了微藻研究的学科理论，指引了学科发展的方向，为促进研究成果的产业化做出了积极贡献。

《微藻生物学》包括基础微藻学、应用微藻学和实用微藻技术三卷。基础微藻学从微藻的系统分类学、生态学、生理学、生物化学、遗传与分子生物学和组学与合成生物学等方面进行详细阐述，填补了微藻研究缺乏生物学基础支撑的空白。应用微藻学是对微藻应用研究进展的总结，提炼出学科化研究的概念，为微藻的应用建立了研究方法，从而构建了从微藻分离、纯化到生产和利用的应用研究系统，主要包括常见的应用微藻种类、微藻活性物质、微藻规模化生产的共性关键技术、微藻食品工程及化妆品工程、微藻污水处理工程和微藻固碳工程 6 个部分。实用微藻技术是指导微藻研究和产业化的技术手册，内容翔实，实用性强。三卷有机结合，涵盖了微藻从基础研究到产业化应用的方方面面，并进行了全面梳理和科学提升，形成了完整的理论和技术应用体系。

《微藻生物学》的出版将会积极推动微藻研究和微藻产业的发展。

中国科学院院士 

序二

PREFACE

微藻是一类在陆地、海洋分布广泛、营养丰富、光合利用率高的低等生物。微藻物种数量庞大，生物多样性极其丰富。据估计，微藻物种数量高达80万种，目前进行鉴定分类的微藻仅约35 000种，开展规模化商业利用的物种不超过10种。因此，微藻这一资源宝库尚未被充分开发，生物多样性与利用研究还具有巨大的探索和发掘空间。

微藻的应用需要扎实的研究基础为依托，但是目前尚未有以微藻为对象进行系统介绍的专著。中国科学院烟台海岸带研究所秦松研究员及其团队编写的《微藻生物学》，是一部系统介绍微藻基础研究、应用基础研究和实际应用技术的专著。基础微藻学从微藻的系统分类学、生态学、生理学、生物化学、遗传与分子生物学和组学与合成生物学全方位解读了目前微藻研究的进展，汇总了当前国内外微藻研究的成果，阐述了微藻基础研究的历史和现状，总结了微藻的物质基础、生理特性和作用机理。应用微藻学详细介绍了已规模化应用的微藻种类及相应特性、营养功能和生物量积累等，重点阐述了微藻在固碳、污水处理、食品、化妆品等方面的应用，展现了近年来微藻应用的主要领域和成果，阐明了微藻应用的物质基础和代谢机制，为突破微藻应用的瓶颈指明方向。为了使从业人员更便捷地使用基础微藻学和应用微藻学的理论和技术，实用微藻技术提供了微藻藻种的分离培养、培养基、反应器设计、规模化养殖等具体技术的应用和操作流程。该项目将微藻研究基础、应用研究和实用技术有机结合，不仅填补了我国在该领域的空白，而且对推动我国微藻产业高效、可持续发展具有重要意义。

《微藻生物学》内容深入浅出，层次分明，既有科学理论又有实践技术，具有重要的参考价值，尤其适用于微藻学专业初学者、研究生、微藻产业技术人员，对助力微藻基础研究、应用研究和微藻产业健康发展具有重要意义。

中国科学院院士

目录 CONTENTS

第一章 微藻藻种的分离与保存

第一节 藻种的分离

单细胞微藻的培养，首先从藻种的分离——获得藻种开始。藻种最初来源于自然环境中混合的生物类群，通过一定的方法，将所需要的微藻种类个体分离出来，加以培养，获得单种微藻。培养单种微藻作为藻种，经过培养和保藏可以长期保存，供试验和扩大培养使用。微藻藻种的分离与纯化基本过程如图 1-1。

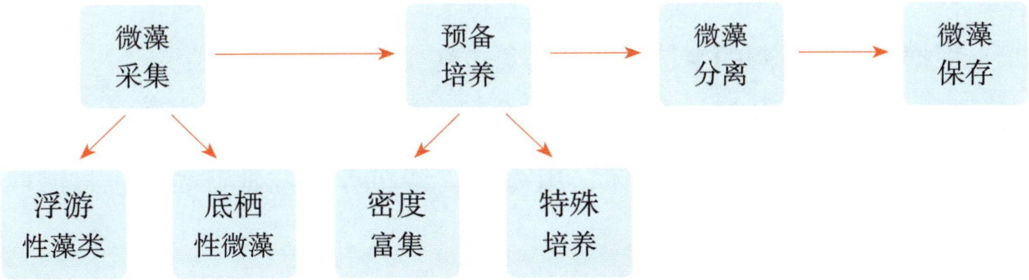

图 1-1 微藻藻种的分离与纯化基本过程

一、采样

1. 浮游性藻类

浮游性藻类的藻种分离，首先需要采集有所要分离的藻类的水样。水样主要取自天然水域，包括开阔的水面、狭小的水湾等，海岸上存留的小水洼更值得注意。这些小水洼通常大潮时被海水淹没，然后短时间与大海隔绝，盐度略高于当地海区海水，盐场地区存在更多。在这些小水洼中，往往生长有适宜静水体培养的藻类，而且种类比较单一，一般少数几种藻类占优势，相对容易分离、纯化。另外，培养水生生物或储水的各种容器、水池，均可能生长大量浮游藻类，也是采样的理想场所。

个体较大的十几微米以上的浮游性藻类，可以使用密浮游生物网直接从水中捞取。通过浮游生物网的过滤，可获得数量较大的藻类样品。个体较小的几微米到十几微米的微型藻类，无法用浮游生物网采集到，需要采集水样进行分离。水样采回后，需要通过显微镜进行检查。如果发现有所需的藻类，而且数量较多，应立即进行分离；若数量很少，分离有困难，必须先进行预备培养，待数量增多后再分离。

2. 底栖性微藻

根据底栖性微藻的生长特性，采集方法主要有以下几种：

（1）刷洗礁石表面：在最低潮后，先用洁净的海水冲洗掉礁石表面的杂物，摘掉大型海藻或幼体，用海绵、纱布等刷洗礁石表面，过滤收集藻液。

（2）刮沙淘洗过滤：在附着微藻自然繁殖、密集的沙滩表面上，会形成黄绿色或黄褐色的藻群。在最低潮前后的 1 ~ 2 h，刮取呈现藻色的表层细沙，用洁净的海水淘洗过滤，即可获得藻液。

（3）刷洗水池、水槽内壁：用过滤的海水冲去养殖水池或水槽内壁的异物，用纱布和棉花刷洗内壁，过滤收集藻液。

（4）擦拭水道管壁：用纱布或棉花擦拭实验室或养殖场流水系统的管道内壁，尤其是管道的转弯处，再冲洗过滤获得藻液。

（5）海区挂板附片：将贝壳、塑料波纹板、玻璃片、聚乙烯薄膜及尼龙网带等物体悬挂于海区浮筏下，悬挂深度为 0.5 m 左右，两三天后取回，轻轻冲洗掉表面的杂物，再把附着的藻类洗刷下来即可。

（6）搓洗大型海藻表面：在海区生长的大型藻类的藻体表面会附有很多附着微藻，加入海水，在水中搓洗海藻，过滤即可获得藻液。

二、培养液与预培养

样品中含有较少数量所需的藻类，必须进行预备培养，待数量增多后再分离。

1. 培养基

不同的藻类所用的预备培养液不同，通常绿藻、硅藻和金藻的培养液容易配制，但对于难以培养的藻类，可采用添加土壤浸提液的方法进行培养。预备培养液的营养物质浓度一般只有原培养基的 1/2、1/3 或 1/4。如果水样中藻的种类较多，可使用几种不同的培养液，以利于不同藻类生长繁殖，特别是一些不容易得到的珍贵样品更应该使用多种预备培养液培养。

有些藻类在普通培养液中培养困难，甚至完全不能繁殖，可以尝试采取改变培养液浓度、添加葡萄糖等有机物、补充微量元素、补充辅助生长有机物质（如维生素）、加入土壤浸提液等措施，有可能获得良好的培养效果。

根据样品量，选择适宜容量的三角烧瓶，培养液总体积不超过三角烧瓶总容积的 1/3。

2. 预培养

浮游性藻类预备培养过程中，应每天摇动培养容器 1 ~ 2 次。底栖性微藻预备培养时，容器可静止不动。培养过程中，若发现培养液呈现淡淡的颜色，应立即通过显微镜观察。如果是所需要的藻类，且数量占优势，应立即进行分离；如果不是所需要的藻类，或者有需要分离的藻类，但数量不占优势，且分离有困难，可再培养一段时间或者更换培养液类型，待成为优势种再进行分离。不同种的藻类，生长产生的藻类群落不同，往往会形成单一种或少数种藻类集群，吸取出来再培养，容易分离获得单种。因此，预备培养需要做到多观察、勤镜检、及时分。

三、分离方法

1. 常规分离方法

单细胞微藻无论是浮游型还是底栖附着型，单种的分离方法通常有以下 4 种：

（1）微吸管分离法：选直径约 5 mm 的细玻璃管，在酒精喷灯上加热，待熔化时，快速拉成口径极细的微吸管（口径小至 0.008 ~ 0.160 mm，圆口）。将稀释的藻液滴在载玻片上，于显微镜下观察，将要分离的藻类吸出。接着把吸出的水滴重新放在载玻片上，用显微镜检查水滴中是否只有一种藻类。如不是，再反复做，直至达到单种分离的目的。然后把吸出的藻类转移到装有培养液的试管中，封口培养。每天轻轻摇动一次，待培养液呈现藻色，再经显微镜检查，反复几次，即可达到单种分离的效果。

微吸管法操作技术难度大，往往吸取一个藻细胞要反复几次甚至几十次才能成功。因此，该方法更适宜分离个体较大的藻类。

（2）稀释分离法：取5支已消毒的试管，第1管加入10 mL海水，其他4管各加入5 mL海水，高压蒸汽灭菌冷却后待用。向第1管中滴加1～2滴藻液，充分振荡，使其均匀稀释。从中吸取5 mL加入第2管中，混合均匀。第3～5管依次稀释。把5个盛有已灭菌的琼脂培养基的培养皿加热，使其溶化，待冷却而未完全凝固时，分别滴加5支试管中的藻液各1滴，用力振荡，使藻液充分混入培养基中。冷凝后培养，待藻落出现为止。反复几次，直至得到单一种群为止。该方法需要较多的容器分组培养，比较麻烦。

（3）水滴分离法：稀释藻液，使每个小水滴含有1个左右（也可能是2个，也可能没有）藻细胞。将微吸管插入藻液中再提起，管内会有少量藻液。待无水滴自然滴下时，把微吸管口轻轻接触载玻片，即有小水滴留在载玻片上。镜下观察，若水滴中只有1个目标藻类细胞，无其他生物混杂，则立刻吸到装有培养液的试管中，封口培养。每天轻轻摇动1次，待呈现藻色，再镜检，反复几次，最终达到单种分离的目的。水滴分离法简便、易行，适宜分离样品中占优势的种类。

（4）平板分离法：将适量藻液滴于1%～2%琼脂固体培养基上，均匀地涂布于固体培养基表面，封口培养，直至藻落出现为止。再经镜检，反复提纯分离，即可分离出较纯的藻种。该法更符合附着藻类的生物学特性，技术要求不高，操作简单。

2. 特殊分离筛选方法

根据微藻的极端生长环境、特殊代谢需求以及生理功能等，在常规分离方法的基础上，从培养基配制、培养环境调控、代谢产物获取等方面进行分离方法改良，这种微藻藻株分离方法为特殊分离筛选方法。

（1）耐受高浓度CO_2、NO微藻筛选方法：有些微藻生活在极端环境中，如生活在火电厂附近，烟道中含有大量CO_2和NO。据报道，有些小球藻和栅藻能够在浓度为30%（*V*/*V*）的CO_2环境中快速生长，有些小球藻对100 mg/L的NO具有耐受性。如果能利用电厂废气养藻，不仅可降低微藻生物柴油的生产成本，还可处理电厂废气。高浓度的CO_2可能会抑制一些藻细胞光合作用暗反应的进行，但有些藻种可在高浓度的CO_2环境中快速生长。一方面，这些藻细胞具有碳浓缩机制，碳酸酐酶可防止二磷酸核酮糖羧化酶被高浓度的CO_2破坏；另一方面，对于一些特定藻种，有专门的机制可抵消高浓度的CO_2带来的细胞内酸度的上升，从而增强对CO_2的耐受能力。此外，其他培养条件如藻细胞浓度、培养基pH、光照、营养物成分等也会影响藻细胞对高浓度CO_2的耐受性。

样品采集后，将藻液经过预培养，然后通入CO_2驯化培养。实验驯化阶段采用不含碳源的MBM培养基，将50 mL藻液加入450 mL已灭菌的培养基中，pH为6.3～6.5。利用与空气配比的CO_2气体进行驯化培养，气流流速为0.5 L/min。采用荧光灯为光源，光照度约为2 500 lx，温度21～25℃，光暗周期比为12 h∶12 h，驯化培养10 d。之后，取50 mL藻液，接种到新的培养基中，按前面的方法反复驯化4次。驯化时，CO_2浓度依次分别为0.035%、3%、5%、10%和15%。随后采用平板划线分离法对驯化后存活的微藻进行分离纯化培养，反复划线分离，最终获得15种能够在15% CO_2浓度环境中生存的微藻。

另外，水样经过预备富集培养后，也可以通过96孔板法，在不同CO_2、NO环境中培养。培养基中硝酸铵的含量为普通培养基中的10倍，保证在培养过程中微藻的生长不会受到氮抑制。最终完成耐受高浓度CO_2、NO微藻的筛选。

（2）嗜盐碱微藻的筛选方法：基于碳酸铵盐的微藻培养和碳吸收整合

系统，能为微藻培养高效率、低成本地提供碳源。碳酸铵盐培养微藻，结合碳捕捉系统培养优质藻种，以 $NaHCO_3$ 作为碳源对微藻进行不同浓度梯度的培养，筛选出耐盐碱性强的微藻。

（3）耐受极端温度微藻的筛选方法：极端温度下部分微藻也可以生存，如温泉微藻、极地微藻、冰山微藻等。这一类微藻通过极端温度调控进行培养和筛选。

（4）高脂藻种培养：通过控制培养基和培养条件，以油脂含量为标准筛选高脂微藻，采用尼罗红染色法进行富油微藻的初筛。具体方法是：取适当稀释的藻液加入 96 孔酶标板中，再加入 10 μL 的 0.1 mg/mL 尼罗红二甲基亚砜溶液，充分混合后于黑暗处常温放置 10 min，使用荧光倒置显微镜进行观察并拍照。比较染色后微藻细胞发出的荧光强度，强度越高油脂含量越高，反之则较低。挑选出荧光强度较高的藻株并进行种属鉴定。

（5）高通量筛选（High throughput screening，HTS）：微藻高通量筛选是将大量微藻样品分别培养于多种生境和培养基中，多种技术与方法结合，以自动化操作系统执行实验过程，以灵敏快速的检测仪器采集实验数据，以计算机对数以千计的样品数据进行分析处理，从而得出科学准确的实验结果。可以通过一次实验获得大量微藻藻种，并从中找到有价值的微藻。

第二节　藻种的保存

如果要较长时间保存藻种，通常需将藻种接种在固体或液体培养基中，在低温、弱光照条件下进行培养，使藻细胞在培养基上慢慢生长繁殖。

培养基的营养成分慢慢被消耗，藻细胞的新陈代谢减弱，接种一次可保存半年到 1 年，有些技术可以保存藻种数年。特别需要强调的是，保存藻种必须有光照，如果保存在完全黑暗的条件下，则会大大缩短保存时间，甚至造成藻细胞“老化”。

一、液体培养基保存

呈液体状态的培养基，称作液体培养基。液体培养基具有分布比较均匀的营养物质，微生物的代谢产物在液体培养基中可以大量溶解，并且培养基与菌体表面接触也十分充分。营养液保存时，浓度通常比配方高 1 倍，使用时稀释。将配制好的液体培养基经高压蒸汽灭菌后分装到已灭菌的试管、三角烧瓶等容器中，此过程需保持全程无菌。在实验室中通常使用 50 ~ 150 mL 的小容积三角烧瓶或试管，生产车间多使用 1 ~ 5 L 大容积的三角烧瓶。分装培养基时，试管的培养基分装量约为试管高度的 1/4，三角烧瓶中培养基的分装量约为烧瓶容积的 2/3。分装完成后，将保存的藻种接种于培养液中，封口后置于低温、弱光环境下保存。

二、固体培养基保存

在一般培养温度下呈固体状态的培养基称为固体培养基。固体培养基的凝固剂一般只起到固化作用，而不是微生物生长所需的营养成分。选择凝固剂时，要注意凝固剂不会被微生物分解利用、不会因高压蒸汽灭菌而受到破坏，以及在微生物生长的温度范围内能保持固体状态，最重要的是对微生物及操作人员均无毒害作用。此外，透明度的高低、凝固力的强弱、价格高低、配制是否方便也是凝固剂选择的标准。

目前常用的凝固剂是琼脂，因为琼脂的主要成分是绝大多数微生物都不能分解利用的硫酸半乳聚糖。琼脂的熔点约为 96℃，凝固点约为 40℃，在一般的培养条件下都呈固体状态，而且具有良好的透明度。配置固体培养基时，一般在液体培养液中加入 2% ~ 5% 琼脂，然后分装到试管中，分装量不超过试管高度的 1/4，封口灭菌，或者灭菌后再分装到培养皿或三角烧瓶中，分装时培养基厚度为 0.8 ~ 1.0 cm。分装时应防止培养基沾在管口或皿口。装有固体培养基的试管灭菌后应倾斜放置，培养皿和三角烧瓶则平放，冷却后即成固体培养基。用灭菌的接种环蘸取藻液，在固体培养基表面做“之”字形划线接种，封口保存即可。培养皿和三角烧瓶也可采用喷雾法接种。

三、双相培养基保存

保存藻种时，可以在固体培养基上再加培养液接种，这种保存方式称为双相培养基保存。使用此方法最理想的容器是三角烧瓶，培养液体积与固体培养基体积比为 1∶3，配置好培养基后接入少量藻液即可。该方法可避免固体培养基因水分蒸发而变干的问题，保存效果较单用固体培养基好。

四、固定化技术保存

固定化培养（immobilization culture）是指利用固定剂（如多糖或多聚化合物）将微藻固定后进行无菌培养的一种保种技术。

1. 固定化培养保存原理

固定化藻种保存是将微藻固定在载体内，虽然培养液处于流动状态，但是藻体却处于静止或相对静止状态，这样既保证了藻体的营养需求，又限制了微藻的代谢活动，从而抑制微藻的生长和分裂，以达到长期保存的目的。固定化的藻种保存时间较长，保存设备简单，但程序较复杂，而且固定剂也有可能会分解，所以在应用方面有所限制。

2. 固定剂类别

固定剂的选择以对生物分解强弱、固定的难易程度、成本高低以及生物毒性大小作为标准。目前，固定剂的种类主要是多糖和多聚化合物，如褐藻酸盐、琼脂糖、琼脂、角叉藻聚糖、明胶和聚丙烯酸胺等。其中，褐藻酸盐取材方便，价格低廉，国内外常用其作为藻类固定化培养的载体。

3. 固定化技术

固定化技术主要有吸附法、包埋法和偶联法 3 种。

（1）吸附法：吸附法是利用固定剂，通过与藻体表面之间的静电而相互作用的一种固定方法。通常的固定剂为阳离子交换树脂、阴离子交换树脂、聚乙烯和硅藻土等。吸附法虽然操作简单，但是其吸附容量有限。

（2）包埋法：包埋法是将藻体包埋在能固化的载体中，使藻体固定化的一种方法。通常的固定剂为琼脂、硅酸盐、角叉菜聚糖、骨胶原、果胶、塑料、丙烯酰胺等。包埋法虽然操作比较复杂，但是在这种方法固定下的藻体细胞活力不受影响，且容量大。目前通常采用此法固定化保存藻类。

（3）偶联法：偶联法是借助固定剂与微藻之间形成共价键而达到藻体固定的一种方法。常见的固定剂有异氰酸、氨基硅烷、戊二醛、碳化二亚胺等。虽然偶联法操作简单、快捷，但是固定过程反应比较激烈，会影响微藻细胞活力。

4. 固定化培养保存基本程序

将 2% ~ 3% 的褐藻酸钠加入配制好的微藻培养液中，然后将混合后的培养液加热至褐藻酸钠完全溶化，待冷却至室温后将待接种的微藻藻液接入，并混匀；用注射器吸入微藻和藻酸钠的混悬液，然后将此混悬液逐滴滴入 0.1 ~ 0.2 mol/L $CaCl_2$ 溶液中，制成胶粒球，通过针头型号的不同来控制胶粒球直径的大小。经蒸馏水或消毒的海水冲洗数次后，放入三角烧瓶内培养。观察测试时则通过胶粒解溶（用磷酸氢二钾或柠檬酸钠）回收藻细胞和代谢产物，回收后测定藻生物量、代谢产物以及细胞活性等。

5. 固定化技术在微藻培养方面的应用

Yean-Chang Chen 通过固定化包埋了 12 种底栖硅藻，对固定化培养保存进行了研究，发现即使在没有液体培养基的条件下，固定化之后的底栖硅藻在 4℃黑暗条件下依旧保存了 1 年。王起华、李莹等（1999）利用包埋法对微藻进行固定化脱水保存，并且对胶粒球含水量、脱水速率等影响微藻存活率的因素进行了有效控制，使牟氏角刺藻获得了较高存活率。虽然固定化培养保存微藻具有其他方法无法比拟的优势，但是其并不适用于所有微藻。Hertzberg 等（1989）在低温弱光的条件下利用固定化技术使三角褐指藻保存了 18 个月，中肋骨条藻则保存了 6 月，但是贺氏钙板金藻和矮小海链藻仅能保存 3 个月，蓝螺藻固定化培养 1 个月后就会死亡。虽然固定化所需要的设备较为简单，藻种保存的时间也比较长，且活化复苏的过程快，一般延缓期只需要 3 ~ 4 d，最多 6 d 就能复苏生长，但固定化程序较复杂，需要细心操作。另外，大多数微藻在培养后期常会从胶粒球中溢出，有的胶珠甚至还会溶解，这是今后工作的重点和难点之一。而且，固定化培养保存微藻的技术在一定程度上具有专一性，某一种固定化方法往往只适用一定种类的微藻，不同种类的微藻对同一种固定化方法会有不同的反应。造成这一切的原因也十分复杂，所以我们探讨固定化培养的内在机制还需要做更广泛、深入的研究。也只有进行更广泛的试验后，才能确定是否能用固定化技术来进行某种微藻的种质保存，这就给固定化保种技术的推广带来了一定的困难。不同的微藻固定化保存除了可以提高保种时间外，是否导致微藻的营养价值降低，也需要我们进一步研究。

五、超低温保存

1. 超低温保存的含义和基本原理

超低温保存是从低温生物学研究中发展而来，将生物样本置于液氮中进行长期保存，解冻后仍能存活的一门技术。藻类细胞超低温保存通常采用液氮低温处理，温度一般能达到 −196℃。

在超低温环境条件下，生物的新陈代谢和生长活动减慢甚至完全停止，遗传信息可保持稳定，遗传性状不发生变异，细胞的活力和形态发生的潜能能保存下来，可以达到长期保存种质的目的，同时具有防止污染，节省时间、空间的优点。目前，该方法已经成功应用于海洋微藻和大型经济海藻的细胞、组织和人工种苗的保存。

2. 超低温保存的方法

研究表明，−140 ~ −10℃是细胞在降温冰冻过程中冰晶形成和增长的危险温度区，温度到达 −140℃以下时冰晶则不再增长。超低温保存技术的关键在于如何使细胞迅速度过水分形成冰晶而造成的危险温度区，避免因形成冰晶造成细胞的损害。目前与藻类相关的超低温保存方式分为两大类，分别是一步法和两步法。

（1）一步法：将微藻细胞直接放入液氮中，使微藻细胞所处的环境温度突然降低至 −196℃，迅速度过危险温度区。这种通过液氮直接超低温冷冻的方法被称作一步法，也称为快速冷冻法。通常，高度脱水（如种子、花粉和球茎等材料）或抗寒的材料（如禾本科植物的枝条和芽等）可应用此方法进行超低温保存，含水量过高或不耐寒的植物种质则不适合此种方法。

一步法对藻种要求较高，使用时存在一定的局限性，故只适用于少数藻类的保存，比如满江红鱼腥藻孢子相对于其他藻类来说，比较适合此种方法。

（2）两步法：在超低温保存种质的过程中加入冰冻保护剂，并对材料进行预冻操作，然后将预冻过的材料投入液氮中进行快速冷冻的方法被称作两步法。它与一步法的区别主要在于加入液氮之前需要先有一个低温适应的预冻过程，因此两步法也称作慢速分步冷冻法。在此过程中需要严格控制降温速度，使材料逐渐降低至适宜的温度，使细胞内的水分降低到最低限度，从而避免后期冰晶的形成，以达到保护细胞、获得较高存活率的目的。

两步法适合保存大多数植物材料，同样也适用于保存各类微藻和部分大型藻类。Morris 等（1978）较早采用两步法冰冻保存藻类，20 世纪 80 年代后该方法被普遍采用，目前已成为藻类种质保存的常规方法。

六、海藻种质超低温保存过程

种质保存是通过各种技术保存细胞内的遗传物质，以备需要时利用。整个种质保存过程包括材料准备阶段、预培养阶段、低温预处理阶段、添加冰冻保护剂、液氮超低温保存阶段、融冰解冻阶段、再培养阶段、再生成藻细胞阶段等一系列过程（图 1-2）。

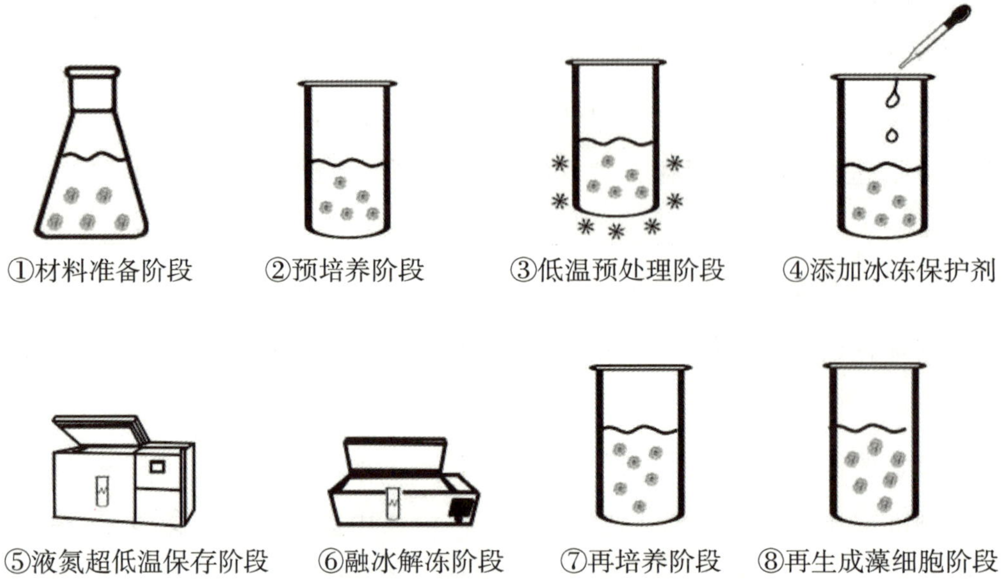

图 1-2　种质保存过程示意图

1. 材料选择

选择材料时需要考虑到藻类的遗传特性、抗冻性，以及器官、组织和细胞的年龄与生理状态等因素，并要求选择抗冻性较好的种类，同时选择具有良好生长状态、合适年龄和生理状态的藻体作为保存材料。

一般来说，淡水微藻比海水微藻更容易通过超低温保存。调查发现，原核蓝藻（如灰色念珠藻、链状鱼腥藻等）比真核微藻（绿藻、硅藻及裸藻等）抗冻性更强，更适合超低温保存。同时，对于微藻而言，处于稳定期和指数期的细胞抗冻力较强，超低温存活率高。

2. 材料预处理

材料预处理阶段主要为了达到两个目的：一是预培养，把选择好的材料在保存前先在合适的液体或固体培养基中培养一段时间，通过光照、温度、营养等培养手段，使培养细胞均能同步达到旺盛分裂状态；二是低温预处理，把将要保存的细胞置于温度较低的环境中，对藻体进行适应性训练，以提高抗冻能力。据研究，采用 0 ℃以上的低温对藻类进行冷驯化，可以提高藻类抗冻性。

3. 冰冻保护剂使用

冰冻保护剂（cryoprotective agent，CPA）作为大多数细胞在超低温保存时的必需品，在一定程度上可以提高细胞的存活率和再生能力。在冷冻过程中，如果细胞脱水不足，细胞内残存大量水分，在冰冻过程中会形成胞内冰晶而使细胞受到伤害。但是如果细胞脱水过度，则细胞将会因为水分大量缺失而死亡。冰冻保护剂则是通过增加细胞膜的透性，加速细胞内的水体流到细胞外，减少细胞内的水分形成晶体，从而稳定细胞膜结构，降低冰点，提高溶液的黏滞性，阻止冰晶生长，防止细胞受到低温伤害。到目前为止，除了最简单的细菌及一些微生物外，绝大多数细胞低温保存都必须采用冰冻保护剂。

选择的冰冻保护剂应具有以下特点：易溶于水；对细胞毒性小；容易从组织细胞中清除。

冰冻保护剂主要有两大类，即胞内保护剂和胞外保护剂。

（1）胞内保护剂：属于低分子化合物，由于其能很快渗入细胞，也被称为围渗透性保护剂。在超低温保存过程中的作用是使溶液的黏性增加，从而弱化水的结晶过程，以达到保护细胞的作用。目前常用的胞内保护剂有甘油、二甲亚砜（DMSO）、乙二醇（EG）、乙酸胺和丙二醇（PG）等。

（2）胞外保护剂：属于大分子化合物，它们虽然能溶于水，但不能进入细胞内，也称为非渗透性保护剂。其作用是增加胞外溶液的黏性，减缓细胞脱水速度，从外环境避免因细胞脱水过度而引起的伤害。目前常见的胞外保护剂有蔗糖、聚乙二醇（PEG）、聚乙烯吡咯烷酮（PVP）、羟乙基淀粉（HES）等。

在超低温保存中，使用哪种保护剂，采用哪种浓度，都要依需要保存的材料而定。有些材料仅用单一保护剂就能达到很满意的抗冻效果，有时需要用到双重保护剂或多种混合保护剂才能达到预期效果。目前，高等植物细胞、体细胞胚、原生质体和愈伤组织冷冻保存中所用的保护剂都是甘油和二甲亚砜。在藻类细胞超低温保存中，常使用的保护剂也是甘油和二甲亚砜。

4. 降温冰冻

添加冰冻保护剂和低温预处理后，材料需要快速转移到液氮中，通常是将材料装入冻存管或细塑料管中，并迅速放入液氮中保存。

5. 融冰解冻

经过超低温保存后的材料不能直接使用，而是需要经过冰冻融化和培养，使其逐渐恢复细胞的活力才能使用。融冰解冻一般采用快速解冻法，即将保存的材料迅速放入温度为 25 ~ 40℃的水浴中，并快速振荡。防止次级重结晶是解冻过程的关键，重结晶的危险温度区为 −50 ~ −10℃。因此，在超低温保存过程中，不仅冰冻速度要快，相应的解冻速度也要快，如此保存效果才比较好。解冻后，需要立即从保存的材料中清洗冰冻保护剂，通常用稀释或先稀释后离心的方法进行处理。

6. 效果检测

材料经过超低温保存后，必须检测其保存效果，通常从细胞形态和生理活性、细胞存活率和再生能力几个方面来进行检测。

（1）细胞形态和生理活性检测：目前主要利用细胞染色法、镜检法、细胞运动能力测定、光合放氧活性的测定以及叶绿素含量的测定等方法进行检测，这些方法大多可在材料解冻并经过短期恢复后进行。虽然这些方法检测的速度较快，操作便捷，但是测定结果的可靠性并不高。

（2）细胞存活率检测：通常使用 FDA 法（二醋酸酯荧光素染色法）或中性红染色法，存活率的计算公式：

存活率 = 活细胞数 / 总细胞数

（3）细胞再生能力检测：检测超低温保存效果，最直接的方法是将经过超低温保存后的材料在解冻和除去冰冻保护剂后，立即将其接种到新鲜培养液中进行再培养，之后观察材料在再培养过程中的复活情况、存活率和生长情况等。虽然这种方法操作费时、费力，但检测结果的可靠性较高。

七、超低温保存种质在微藻方面的应用

近年来的研究表明，利用超低温保存技术不仅可以保持种质遗传稳定性并达到长期保存的目的，而且还能够克服现阶段藻类常规保存技术中存在的费时、费力、易污染等缺点。目前阶段的研究表明，对蓝藻如鱼腥藻休眠孢子来说，超低温保存后该藻的保种效果十分显著，红藻如坛紫菜果孢子在液氮中的保存效果也是比较理想的。在使用两步法冰冻保存小新月菱形藻后，该藻的存活率可以达到 63.1%。

虽然超低温保存相对传统保种技术有着无可比拟的优势，但是该方法需要采用特殊的降温设备和较为复杂的冷冻程序，这一点使其在实际应用方面受到了很大的限制。在超低温保存微藻方面，玻璃化法和包埋脱水法是近 20 年来建立的两种超低温保存新技术，冷冻程序比较简单，现已在 20 余种高等植物的种质保存中获得成功，是目前超低温保存需要研究的重点。

八、国内外藻种库

1. 国内藻种库

（1）自然资源部第三海洋研究所海洋微生物菌种保藏管理中心：该中心是一所挂靠在海洋生物与生态实验室的海洋微生物菌种保藏中心，以海洋微藻为主，兼顾淡水藻类。目前微藻中心侧重于海洋底栖甲藻和产毒甲藻的收集和保藏，保存的株系有 100 多株，50 余种，大部分属于海洋甲藻和隐藻类。

（2）国家水生生物物质资源库淡水藻种库（Freshwater Algae Culture Collection at the Institute of Hydrobiology, FACHB）：淡水藻种库是我国藻类资源保藏、资源利用的专业机构，致力于我国淡水藻种的收集、保藏和功能挖掘，同时为国内外提供高质量、多样化的藻种资源以及相关特色服务。该藻种库保藏不同门类的淡水藻种，也含部分海洋和咸水微藻，尤其是大量保藏我国不同区域水华、土壤荒漠和能源微藻藻种。

该藻种库注重藻种资源经济价值的挖掘和藻类在水环境、水生态治理方面的应用。该藻种库现存藻种 4 000 余株，隶属于 250 余属，包括蓝藻门、绿藻门、硅藻门、裸藻门、红藻门、甲藻门、隐藻门、金藻门、黄藻门 9 个门类。保藏种类以淡水藻类为主，含有部分海洋和咸水微藻。

（3）海洋藻类保种中心（Center for Collections of Marine Algae，CCMA）：海洋藻类保种中心隶属于近海海洋环境科学国家重点实验室（厦门大学），目前拥有一间 10 万级无菌保种室和一间藻类培养室，分别用于藻种的保存和培养。目前该中心现保存有蓝藻、绿藻、硅藻、甲藻、裸藻、隐藻、金藻、黄藻等藻类，主要以甲、硅、绿藻为主，共计 400 余株系。每年该中心均从台湾海峡、南海、东海及厦门港分离新的株系，并运用分子生物学及扫描电镜等技术进行鉴定。

目前，CCMA 已发展成为我国海洋藻种保藏、提供和交换的重要机构，平均每年为校内外科研及教学单位提供 1 000 株 / 次藻种。

2. 国外藻种库

（1）加拿大 CCCM（The Canadian Center for the Culture of Microor-ganisms，CCCM）：CCCM 是加拿大唯一的微藻培养、保存中心，也是世界上较全面的微生物培养中心之一。其中有 14 个种类的藻类，包括海洋和淡水藻类约 300 株。

该中心重点研究的对象是当地物种的生态和毒理学。目前，约有 75% 的菌株来自不列颠哥伦比亚水域，其余的来自热带和其他温带地区。CCCM 是世界上最大的甲藻收藏培养中心，还有许多独特的数以百计的真菌和酵母菌。

（2）美国 NCMA（National Center for Marine Algae and Microbiota，NCMA）：NCMA 是美国较为著名的藻类保存中心，目前新的身份是比奇洛海洋科学实验室服务中心。美国国会已指定其为国家官方浮游植物采集服务中心。

（3）法国巴斯德研究所蓝藻收藏库（PCC）：PCC 所成立于 1887 年，是一个国际研究与教学机构，致力于生物学、微生物学、疾病和疫苗的相关研究，创建者路易·巴斯德于 1885 年研发出第一剂狂犬病疫苗。巴斯德研究所不仅微生物出名，PCC 系列微藻也是其代表作，在全世界得到广泛研究。

（4）日本 NIES（The National Institute for Environmental Studies，NIES）：NIES 于 1983 在日本成立。发展至今，NIES 持有包括 15 种轮藻和 9 种淡水红藻的约 300 株濒危藻类。

（5）苏格兰 CCAP（SAMS' Culture Collection of Algae and Protozoa，CCAP）：CCAP 是由自然环境研究理事会资助的国家服务机构（也称为生物资源中心），是英国科学基础设施的一部分，归属于苏格兰海洋科学协会 SAMS（The Scottish Association for Marine Science，SAMS）。该藻种库拥有原生植物和海藻 3 000 多种，是世界上多样的海藻物种收集中心之一。CCAP 有 150 余名研究人员，通过海洋研究、教育和社会服务，为健康、可持续发展的海洋做贡献。

（6）哥德堡大学文化中心 SAG（The Sammlung von Algenku-lturen der Universität Göttingen，SAG）：SAG 是微藻生物培养的综合生物资源中心，是世界三大藻类服务系列之一。SAG 中保存了大约 2 300 株菌，几乎代表了真核藻类以及蓝细菌的几乎所有类和门，包括 500 多属和 1 400 种命名物种。

（7）美国得克萨斯大学奥斯汀分校的藻类中心（The Culture Collection of Algae at the University of Texas atAustin，UTEX）：UTEX 自 1953 年以来一直在持续运作，由印第安纳大学理查德·斯塔尔（Richard C. Starr）创立，1976 年搬到现址。UTEX 向公众提供超过 3 000 种不同的藻类，代表约 200 种不同的属，尤其是绿藻和蓝细菌。

参考文献

白克智，崔澂，1982. 蓝藻－满江红鱼腥藻孢子的冰冻保藏［J］. 科学通报（19）：1215–1216.

陈国宜，1989. 条斑紫菜果孢子的液氮保存［J］. 水产学报（4）：356–359.

陈国宜，阙求登，1989. 几种红藻孢子的超低温保存［J］. 热带海洋（1）：67–72.

程龙燕，2016. 嗜盐碱微藻藻种筛选及其产油条件优化［D］. 大连：大连理工大学 .

康阿青，2010. 固定高浓度 CO_2 的微藻的培育与筛选［D］. 青岛：青岛理工大学 .

梁宏，王起华，2005. 植物种质的玻璃化超低温保存［J］. 细胞生物学杂志（1）：43–45.

李莹，王起华，李贺，等，2003. 用包埋脱水法冰冻保存牟氏角刺藻［J］. 海洋科学，27（7）：48–51.

孟妍，2008. 包埋—脱水法常温和低温保存绿色巴夫藻［D］. 大连：辽宁师范大学 .

马志珍，张继红，1997. 海产饵料微藻超低温保种技术的研究［J］. 中国水产科学（4）：14–18.

马志珍，武振彬，1993. 建立微藻超低温保存种质库的技术及意义［J］. 国外水产（1）：1–5.

吴雪梅，汤浩茹，2005. 包埋玻璃化法超低温保存植物种质的研究进展［J］. 植物学通报（2）：238–245.

王起华，石若夫，程爱华，1999. 3 种饵料金藻的超低温保存研究［J］. 中国水产科学（2）：90–93.

王起华，张恩栋，王冰，等，1999. 两种海洋饵料硅藻的超低温保存［J］. 辽宁师范大学学报（自然科学版）（4）：310–314.

邢荣莲，2007. 海洋底栖硅藻的筛选、培养和应用研究［D］. 大连：大连理工大学 .

张硕，2015. 耐受高浓度 CO_2、NO 能源微藻的筛选及生长条件的优化［D］. 济南：山东大学 .

张继红，马志珍，1998. 三角褐指藻固定化培养的初步研究［J］. 海洋水产研究，1998

（1）: 14−17.

Chen, Yean−Chang, 2001. Immobilized microalga *Scenedesmus quadricauda* (Chlorophyta, Chlorococcales) for long−term storage and for application for water quality control in fish culture [J]. Aquaculture, 195(1-2): 71−80.

Hertzberg S, Jensen A, 1989. Studies of alginate−immobilized marine microalgae [J]. Botanica Marina, 32(4): 267−274.

Fenwick C, Day J G, 1992. Cryopreservation of *Tetraselmis suecica* cultured under different nutrients regimes [J]. Journal of applied phycology, 4: 105−109.

Joyce L, 1984. “book−review” The Health of China, Current Conflicts in Medical and Human Services for One Billion People [J]. Community Medicine, 6 (3): 244−245.

Clarke K J, Leeson E A, 1985. Plasmalemma structure in freezing tolerant unicellular algae [J]. Protoplasma, 129: 120−126.

Taylor R, Fletcher R L, 1999. A simple method for the freeze−preservation of zoospores of the green macroalga *Enteromorpha intestinalis* [J]. Journal of applied phycology, 11: 257−262.

第二章 主要经济微藻的规模化养殖

第一节 雨生红球藻规模化养殖

一、雨生红球藻简介

雨生红球藻（*Haematococcus pluvialis*）是一种具有鞭毛的单细胞绿藻，隶属于绿藻门团藻目红球藻科，由于其在逆境下（如强光、高温、营养匮乏等条件）能合成高达 4%（*W*/*W*）的虾青素，因此被认为是理想的天然虾青素来源之一。因含有虾青素，雨生红球藻藻粉及其提取物被广泛用于饲料添加剂、水产品着色、护肤及膳食补充等领域，我国于 2010 年将雨生红球藻藻粉列入新资源食品目录，并于 2013 年批准其为第一个健字号的保健食品。

雨生红球藻生活史复杂，繁殖方式多样，其生活史可以简单分为游动和不动两个细胞阶段，前者主要进行细胞数量的增长，后者则主要完成虾青素的积累。在温和的培养条件下（如充足的营养，最适的温度、光照等），游动细胞通过无性生殖产生孢子囊，释放出 2 个、4 个或 8 个游动孢子，这些孢子可发育成游动细胞。当环境恶劣时，游动细胞失去鞭毛，体积变大，成为不动孢子，积累虾青素。不动孢子仍然具有分裂能力，有时发育为含有 2 个、4 个或 8 个静孢子孢子囊，偶尔可发育为含有 20 ~ 30

个静孢子孢子囊。一旦环境好转，不动孢子还可以发展为含有游动孢子的孢子囊（图 2–1）。

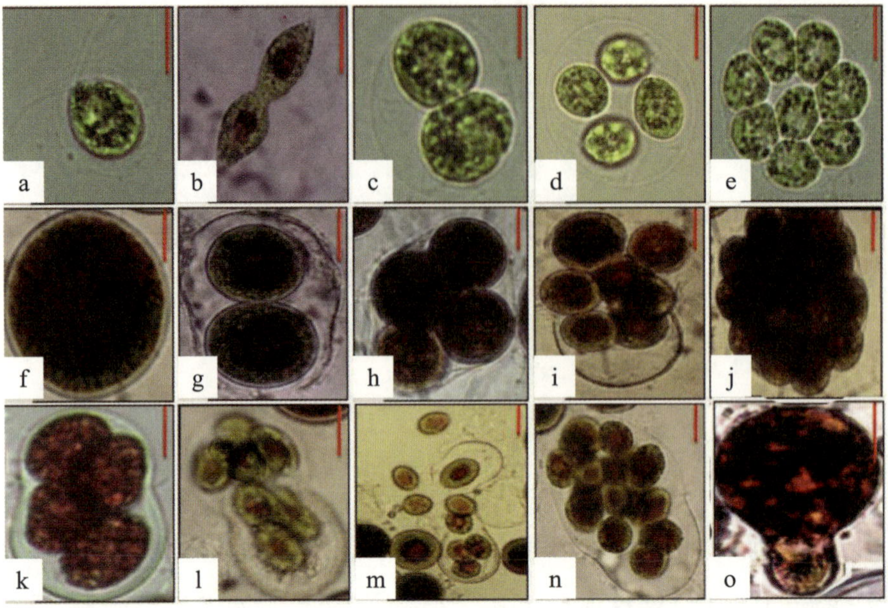

a. 游动细胞　b. 游动阶段的营养生殖方式：均裂　c、d、e. 含有游动孢子的孢子囊
f. 不动细胞　g、h、i、j. 含有静孢子的孢子囊　k、l、n. 含有游动孢子的孢子囊
m. 游动孢子的释放　o. 不动阶段的营养生殖方式：出芽

图 2–1　雨生红球藻细胞周期中的细胞形态

二、常见的规模化培养模式

与其他经济型藻类相比，雨生红球藻绿色阶段生长缓慢，不能快速获得种群优势；培养条件温和时，非常容易滋生原生动物和其他藻类，这些敌害生物大量繁殖往往造成养殖的失败。因此，控制好污染是雨生红球藻规模化培养成功的重要因素之一。

根据雨生红球藻可以自养、异养和兼养的特征，为了降低污染的概率，人们在培养模式上做了一些尝试。研究人员尝试添加有机碳源（如乙酸钠等），利用发酵的方式培养细胞，获得了较高的生物量。研究表明，虾青素的合成和积累是强光的诱导过程，因此以异养的方式完成整个培养周期，在现有知识和技术框架下基本没有可能，必须后期给予光照，以自养或兼养的方式完成虾青素积累。如果先将雨生红球藻异养，再转入强光下诱导虾青素积累，在此诱导之前必须给予雨生红球藻温和的光照，使藻细胞合成自养必备的一些酶和色素，否则极易导致光漂白或细胞自溶等细胞死亡的发生，“异养-稀释-光诱导”模式就是这种先异养后自养的模式。除此之外，日本还在密封的光反应器内采用人工光源，添加有机碳源，实行兼养的模式（图 2-2）。异养和兼养对培养环境要求非常高，必须做到无菌培养，否则细菌大量繁殖会带来很大的麻烦。与自养模式相比，目前兼养或部分异养的模式成本相对较高，国内基本上以自养为主。若不做特殊说明，本节涉及的培养模式均指自养模式。

图 2-2　日本的光反应器

在雨生红球藻养殖过程中，理想的培养结果为单位体积内雨生红球藻的生物量最高，且虾青素的含量也最高，但有利于细胞快速生长的培养条件通常不利于虾青素的积累。为了追求生物量与虾青素含量的平衡，生产中一般采用两步培养法，即第一阶段，在绿色营养阶段，通过提供有利的生长条件完成游动藻细胞的快速增殖，从而获得较高的生物量；第二阶段，通过限制营养，提供高光强、高温等逆境，胁迫游动细胞转变为不动细胞，从而获得高含量的虾青素。两步培养法常见的模式为开放跑道池串联（图 2-3）、封闭管道光反应器与跑道池串联和封闭管道光反应器与封闭管道光反应器串联（图 2-4）。

图 2-3　开放跑道池串联自养模式

图 2-4　封闭管道光反应器串联自养模式

三、工厂选址要求

雨生红球藻工厂对温度要求较高，绿色生长阶段的最适温度为15～25℃，红色虾青素积累阶段理想温度为25～35℃。云南气候比较适宜，地处高原，有利于在诱导阶段获得强烈的阳光辐射，且高原环境也有利于夜间培养体系快速散热，因而是传统光自养的理想区域。

四、藻种的纯化与保藏

藻种可以来自藻种机构，也可以来自野外采集。一般野外采集的藻种含有多种微生物，需要纯化才能应用于下一步的生产评价。藻种的纯化方法有毛细管法、划线分离法和涂布分离法3种。毛细管法常用于藻细胞与其他藻类、原生动物的分离，后两种方法常用于藻细胞的无菌纯化。藻种的保藏方式有液体保藏、固体保藏和冷冻保藏3种，具体纯化和保藏方法详见相关的微生物培养手册。

雨生红球藻的保藏可以用BBM、BG11、OHM、KM1基础培养基及其改良配方（改良的配方主要限定了氮磷浓度），此类配方也能应用于规模化培养。

五、高产藻株的诱变与筛选

为了获得一株高产的雨生红球藻藻种，虽然可以用细胞融合、基因工程等技术，但生产中仍然常用化学或物理方法来诱变藻细胞。这种方法技术简单，不需要获得有关基因及其调控信息。该技术一般包含两个步骤：第一，通过化学致畸剂或者物理射线产生随机突变体，要求致死率高于

90%；第二，在化学抑制剂的选择压力下筛选突变体，该抑制剂往往阻断目标代谢物生物合成关键步骤。一般来说，如果没有合适的抑制剂，筛选工作将变得非常繁重。

常用的选育方法为先用紫外线、叠氮钠或甲基磺酸乙酯（EMS）等处理藻细胞，然后添加类胡萝卜素生物合成抑制剂二苯胺和尼古丁等筛选高含量的突变株，最后测定突变株的生长指标，综合评价，选择高产的藻株作为藻种。除此之外，中国科学院水生生物研究所提供了一种新的高含量筛选思路：通过图像软件对诱导后的藻细胞颜色进行分析，高通量筛选，成功选育出几株高含量的突变株。

下面以 EMS 诱导为例，阐述雨生红球藻的诱变育种工作。

（1）将 EMS 添加到 10 mL 的对数生长期藻液中（密度约为 30 000 个 /mL），设置 EMS 的浓度梯度，梯度范围为 0.4% ~ 1%（*W*/*V*）。

（2）将每个梯度样品分为 3 组，分别培养 60、90 和 120 min。

（3）取 1 mL 上述藻液，4 000 r/min 离心 3 min。

（4）弃上清液，将沉淀重悬于 1 mL 的硫代硫酸钠溶液（0.16 mol/L）中。

（5）再次用上述硫代硫酸钠溶液洗涤 1 次，最后将藻细胞重悬于 250 μL BBM 培养基中。

（6）在培养箱中培养 24 h 后，将藻液用 BBM 培养基梯度稀释。

（7）将稀释后的藻液涂布于 BBM 固体培养基上（BBM 培养基中琼脂浓度为 0.75%），放置于培养箱培养。

（8）待平板长出肉眼可见的菌落后（20 ~ 25 d），与未添加 EMS 的对照组相比较，统计每个 EMS 梯度不同培养时间时对藻细胞的致死率。致死率公式：致死率 =（1– 处理组存活的菌落数 / 对照组存活的菌落数）× 100%。

（9）选择致死率 90% 以上平板的单克隆菌落，用牙签将它们分别接种到两个对应的固体平板上（其中一个平板添加了 25 μmol/L 二苯胺）。

（10）待添加二苯胺的平板长出菌落后，再次将单克隆菌落转接到含有二苯胺的平板上，验证藻细胞的稳定抗性。

（11）将最终获得的具有抗二苯胺的单克隆菌落转接到液体 BBM 培养基中培养。

（12）测定上述单克隆藻液的生长速率和虾青素含量，选择生物量增长快、含量高的藻株作为生产用藻种。

六、两步法培养模式

我们前面提到了雨生红球藻的两步法培养模式，即第一阶段在绿色游动阶段以最适条件使其快速繁殖，以获得较高生物量，然后通过高温、高盐、低浓度营养盐等方式诱导雨生红球藻变成厚壁不动细胞，即进入第二阶段，积累虾青素。以下阐述两步法的培养模式。

1. 第一阶段的培养模式

为了获得稳定的培养体系，现阶段人们一般采取批次培养方式，即藻种扩培到一定阶段后，不再继续扩培，所有的藻细胞都进入诱导环节，完成虾青素积累后被采收，而不是像小球藻、螺旋藻一样，可以直接用大池里的藻液扩培。因此，雨生红球藻的养殖需要源源不断地提供相应规模的优质藻种。为了适应生产的需要，一般以三级培养的方式完成第 1 阶段的培养。

三级培养方式一般包括第 1 级实验室玻璃瓶培养，第 2 级室内或室外小规模封闭光反应器培养和第 3 级大规模光反应器培养（图 2-5）。如果经过前两级扩培，仍然不能满足后期大规模养殖接种要求，还会采取四级或更多级的培养模式。三级培养方式的主要区别如表 2-1 所示。

柱状气升光反应器

板式气升光反应器

图 2-5 常见的二级培养方式

表 2-1 三级培养方式的主要区别

差异化体现	第 1 级	第 2 级	第 3 级
光源	人工光源	自然光或辅以人工光源	自然光
光反应器类型	玻璃瓶	柱状气升反应器 薄膜袋式反应器 平板式反应器等	管道式反应器、 柱状气升反应器、 跑道池等
培养基消毒方法	高压蒸汽灭菌 煮沸	过滤、次氯酸盐消毒、臭氧消毒等	过滤、次氯酸盐消毒、臭氧消毒等

在第一级培养时，我们需要注意人工光源的光照周期（即光暗比）。研究显示，游动细胞的分裂通常在经历 8 h 的持续黑暗之后，因此每个光照周期内至少要给予藻细胞连续 8 h 的黑暗时间，实验室最常见的光暗比为 14∶10、12∶12 和 16∶8。虽然有报道红光更有利于藻细胞生长，但是我们不建议只使用单色光，并建议培养时光照强度在 2 000 lx 左右，该数值应根据培养体积、培养方式和藻密度等条件进行调整。

现有的报道认为雨生红球藻最适光子照度存在差异。一些研究认为藻细胞生长的最适光子照度是 85 ~ 120 μmol/（m^2·s），也有人认为光子照度不要超过 60 μmol/（m^2·s），或是更低的数值，导致这些差异的主要原因可能是藻株之间培养方式、培养体积与养殖密度的差别。因此，绿色营养阶段的最适光子照度要根据具体的情况做出调整。有条件的可以测光合速率，或者以第二天藻细胞是否发黄来粗略判断前一天光子照度的适宜程度。在自然光下，我们还可以采取遮阳的方式来调整光照，或者通过提高接种比例、提高细胞密度等措施来适应强光。

雨生红球藻的培养是一个产碱过程，如果不加控制，pH 会不断上升，能达到 10 以上。文献中提到的雨生红球藻最适 pH 为 7.00 ~ 7.85，生产上我们也一般用 CO_2 将 pH 控制在 8.0 左右。

据报道，雨生红球藻绿色阶段的最适温度差异较大。邱保胜等（1999）认为最佳生长温度为 19 ~ 22℃，蒋霞敏等（1993）则认为是 15 ~ 20℃，普遍认为培养温度为 20 ~ 25℃有利于雨生红球藻生长。当培养温度低于最适温度时，生长速率将变慢，但藻细胞此时仍具备快速繁殖的潜力。当高于 30℃时，藻细胞的生长将受到抑制，且在 2 d 之内游动细胞会向不动孢子转变，生物量将在短时间内很难大幅度提升。因此，在高温时，最好将培养温度控制在 25℃以下。

由于藻种间细胞大小的差异、培养模式的不同，反应器内的细胞接种后的密度可以为每毫升数千个到数万个，对应的接种比例（旧液：新液）可以从 1 : 10 到 2 : 1。需要注意的是，旧液里面会有较多的自抑制物，太高比例会导致生长速率受到影响，且高比例的接种对二级培养的规模要求很高，但高比例的接种能迅速提高生物量、缩短绿色阶段的养殖时间、有利于污染的控制。研究还发现，高比例的接种，单位体积内的生物量和虾青素含量都相对较高。也就是说，能快速达到采收要求，要根据实际情况适当提高接种比例。

现在没有争议的是雨生红球藻最适氮源为硝酸盐，其次为尿素。绿色阶段起始培养基氮、磷的浓度取决于诱导起始时残存氮、磷的含量，因为过多的氮、磷不利于虾青素的积累，所以当诱导起始时残存的氮、磷含量过高时，必须在第三级培养时下调配方中氮、磷的浓度。

2. 第二阶段的培养模式

当雨生红球藻在第 1 阶段营养消耗殆尽时，人们常常采取高光照、高温、高盐等胁迫压力促进游动细胞向不动孢子转变，此时即进入第 2 阶段的培养，开始快速积累虾青素。目前，国内规模化养殖的第 2 阶段光反应器多为跑道池或管道反应器。相比第 1 阶段，此时原生动物的危害相对较小，但对光的要求大大提高。研究发现，与营养匮乏相比，强光诱导虾青素积累的效果要好得多。为了增强单个细胞的受光强度，当诱导时细胞密度过高时，需要用水稀释。第 2 阶段培养时，通常添加 0.25% ~ 0.5%（*W*/*V*）的氯化钠促进虾青素的积累。

七、常见指标的检测

1. 虾青素含量检测

虾青素含量检测方法有两种：分光光度法（UV 法）和高效液相色谱法（HPLC 法）。UV 法操作简单，对仪器与操作人员要求不高，但检测结果为总类胡萝卜素含量，而虾青素在总类胡萝卜素中的占比会因藻种、季节、培养周期而波动，误差较大。HPLC 法虽然精确，但操作烦琐，仪器耗材昂贵。由于检测成本的原因，UV 法常常被应用于大生产中，一般认为，虾青素含量占总类胡萝卜素的 80%，但我们认为此系数需要通过 HPLC 法进行校正。目前 UV 法也很多，我们以波长 478 nm、虾青素占比 0.8 对 UV 法进行阐述（如果样品是藻粉，则操作直接从第 2 步开始）。

（1）取 10 mL 藻液，离心收集藻细胞。

（2）用 2 mL 丙酮重悬，超声破碎。

（3）将上述样品转移至 10 mL 的容量瓶中，用丙酮清洗试管至无色，将所有的清洗液转移至容量瓶，用丙酮定容，混匀。

（4）取上述容量瓶中的溶液，3 500 r/min 离心 5 min，去除藻细胞和其他杂质。

（5）将待测溶液放入 1 cm 光径比色皿中，在 478 nm 波长下测定吸光值，二甲基亚砜（DMSO）作空白对照。若吸光值大于 1.25，则需要将溶液进行稀释，使吸光值介于 0.4 ~ 0.8。

（6）总虾青素含量按以下公式计算：

类胡萝卜素（mg）= OD478 × 100 × 稀释倍数 /2 200

总虾青素含量 = 类胡萝卜素（mg）/ 样品重量（mg）× 100%

2. 生长指标的测定

在规模化生产中，需要实时监测微藻的生长状况，而相对生长量的检测就是重要的一部分。相对生长量可以用细胞密度的变化或生物量的变化来表示，通常有细胞直接计数法和分光光度法。一般建立藻液吸光值与细胞密度之间的回归方程，以分光光度法简便快捷地测定微藻的生长和生物量变化。需要注意的是，与其他微藻不同，雨生红球藻生活史复杂，处于不同阶段时细胞大小差异很大，有时细胞直径相差 1 ~ 2 倍，因此用分光光度法表示细胞密度时，须分开制作两个阶段的细胞密度与吸光值的标准曲线。检测常用的波长为 490 nm、673 nm 和 750 nm，具体方法不再赘述。

八、常见污染及其处理方式

雨生红球藻既没有小球藻繁殖快，也不能像螺旋藻和盐藻一样能在极端环境下快速生长，在其培养过程中，常常有来自其他生物的威胁。常见的有原生动物对雨生红球藻的摄食，原生动物可以在一夜之间将其吞噬殆尽；也有其他藻类的生长，逐渐取代雨生红球藻成为培养体系里的主角；还有其他细菌、真菌的危害，使培养体系崩溃。

现阶段除了物理过滤方法外，很难找到一种既能有效控制污染又不影响藻细胞生长的处理方式，但物理过滤法在大规模水体中应用效率低下，因此雨生红球藻的培养要注重污染的预防，执行最严格的消毒和操作措施。

在雨生红球藻的营养细胞培养过程中，能够造成污染的原生动物有阿米巴原虫、纤毛虫和轮虫等，传统的铵盐和有效氯处理法对此束手无策，常常在控制住污染的同时也对藻类造成很大的伤害；待藻类恢复生长后，污染又暴发。因此，我们可以改变培养环境，施加胁迫压力，使游动藻细胞体积增大、细胞壁增厚，成为不动细胞，提前进入第 2 阶段的培养，以不动细胞对抗原生动物的摄食。除此之外，还可以通过降低培养温度来减慢原生动物的繁殖，因为温度越高，原生动物繁殖越快。

建议通过加强对污染的监测来掌握污染的发展趋势，便于根据污染的程度采取相应的措施。监测常用方法有显微镜观察和染色后显微镜观察，还有高灵敏度的分子生物学检测方法。

在雨生红球藻的规模化养殖中，壶菌污染是一个非常令人头疼的问题，在条件适宜的情况下，它能不断地萌发、扩散，数天内便能将所有的藻细胞侵染，给养殖带来毁灭性的打击。据报道，该壶菌属于芽枝霉门（Blastocladiomycota），最适生长温度为 30℃左右，专性侵染不动孢子（绿色和红色均可），游动细胞内未见报道。该侵染的发生可能与壶菌和不动孢子细胞壁上的特殊蛋白识别相关，用荧光染料尼罗红对侵染的细胞染色，可清楚地显示壶菌在雨生红球藻细胞上的定位（图 2–6）。还有研究表明，在红色不动孢子阶段，氮元素的存在能加快侵染的进程。

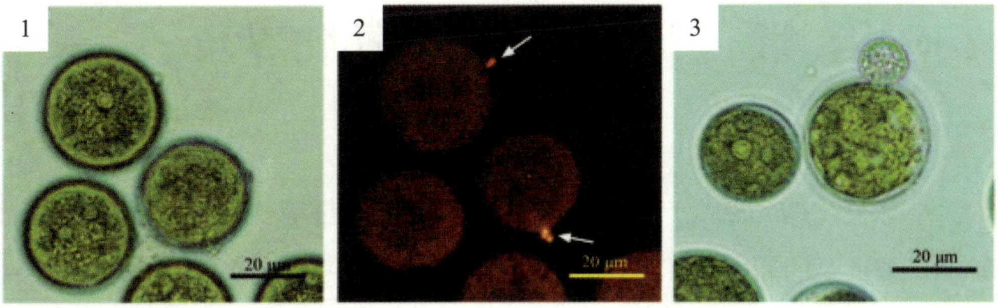

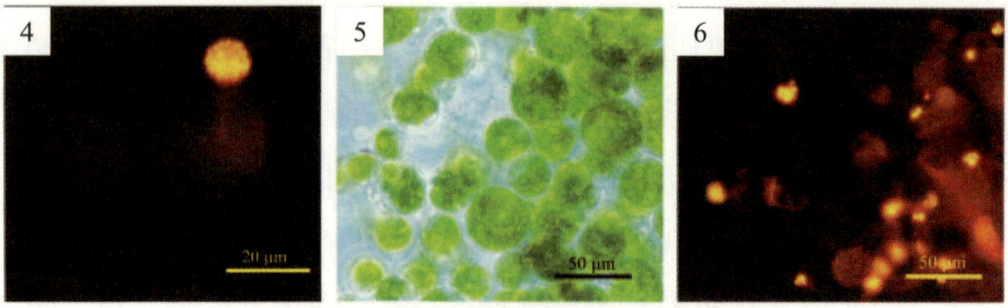

图 2-6　被壶菌侵染的雨生红球藻细胞

1、3、5 为相差显微镜图片，2、4、6 为尼罗红染色后的荧光图片
箭头指示壶菌在藻细胞上的定位

目前生产中尚未找到相应的试剂来影响壶菌侵染进程，但胡强老师的团队给壶菌的防治带来了曙光，他们发现某一物质（未公开）能显著降低壶菌侵染的概率。

可以通过采取加强培养液、反应器等的消毒，加强藻种的纯培养，降低诱导阶段的培养温度、改变 pH 等措施，降低壶菌污染的概率以及延缓污染扩散进程。另外，要在诱导阶段勤观察，在壶菌大暴发前采收藻液。

第二节　小球藻规模化养殖

小球藻（*Chlorella*）属于单细胞真核微藻，是绿藻门绿球藻目小球藻科中一个重要的属，包括约 10 个种，结构如图 2-7。蛋白核小球藻属于绿藻门小球藻属，是一种球形单细胞淡水藻类，直径 3 ~ 8 μm，出现在 20 多亿年前，是地球上最早的生命之一，也是一种高效的光合植物，多生长在有机质含量丰富的淡水湖泊、池塘和水田，世界范围内分布极广。2012 年，卫生部批准蛋白核小球藻作为新资源食品可在我国生产使用（关于批准蛋白核小球藻等 4 种新资源食品的公告［2012 年第 19 号］）。小球藻叶绿素含量丰富，可达干重 4% 以上，细胞比表面积大，光合作用强，繁殖速度快。大多数微藻的最适生长温度为 20 ~ 30℃，而小球藻具有耐高温的特性，在 42℃时也能够生长良好，且耐高光强。大部分微藻的最适光子照度在 200 ~ 400 μmol/（m^2・s），而小球藻最高可耐 2 500 μmol/（m^2・s）。小球藻养殖技术分为户外大池规模化养殖和发酵技术，本节只介绍小球藻户外规模化养殖技术，不涉及发酵技术。小球藻的规模化生产主要有两种模式：一种是利用室外的圆池进行养殖；另一种是利用螺旋藻养殖的跑道池进行养殖，还可以利用玻璃管道进行培养。上述小球藻规模化培养大多为利用醋酸作为碳源的兼养模式，小球藻在兼养条件下比单纯的光自养具有更高的光合效率，并非严格意义上的光自养。

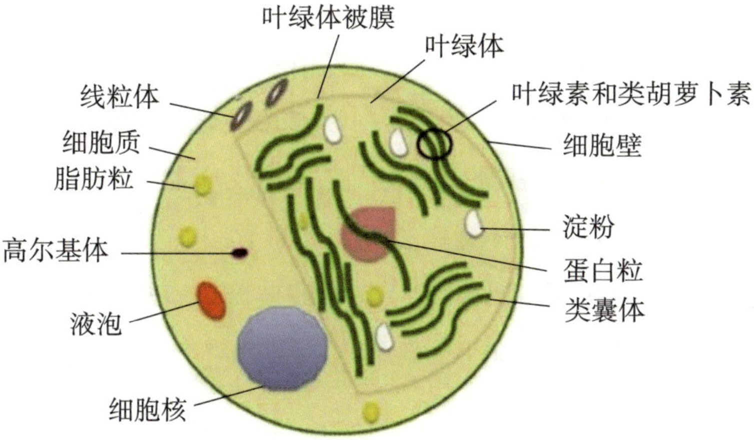

图 2-7　小球藻细胞模式图

一、藻种选育及保存

小球藻属真核生物，细胞壁由纤维素构成，繁殖速度快，对外界环境要求低，适应性强，但由于小球藻的生长环境是近中性的淡水，属于非极端条件培养的微藻，在户外大池中易受外界污染，抗性较低，因此需要保证种源系统始终有效运行，当生产有需要时及时提供正常生长的藻种。

小球藻的藻种应从室内纯培养开始，可通过野外采集得到或购自藻种库。当通过野外采集时，具体的分离方法和保存方法参照本书第一章。保存应以“传代培养为主，平板保存为辅”为原则，野外采集分离的藻种需经藻种鉴定后方可用于食品工业生产。

应选择生长速度快、细胞较大、细胞饱满的小球藻藻种作为备选藻种。

1. 小球藻藻种驯化

小球藻藻种驯化采取的策略与螺旋藻大致相同，但由于小球藻的生存环境近中性，不属于极端微藻，在进入大池前应以纯培养或接近纯培养的环境为原则。在实践操作中，建议选用管式光生物反应器、立柱式光生物反应器、气升式光生物反应器、平板式光生物反应器或袋式光生物反应器等作为密闭培养的容器。具体操作过程大致如下：

（1）将藻种置于实验室光生物反应器或玻璃缸、塑料桶中培养，培养条件为光照强度 5 000 ~ 8 000 lx，温度（28 ± 2）℃，通入无菌空气，密闭培养。

（2）室内培养的小球藻接种到室外光生物反应器中，接种浓度的 OD_{680}（Optical Density at 680 nm）值应不低于 0.5，自然光照。

（3）经 5 ~ 7 d 培养，待培养液浓度达到 OD_{680} 值 3.0 以上时，可认为完成适应光照强度和温度变化驯化。

（4）将驯化好的藻种接入开放式小型户外池中进行培养，接种浓度 OD_{680} 值应达到 1.0。经 3 ~ 5 d 培养，待接种浓度 OD_{680} 值达到 2.0 以上之后再逐级放大，实现生产。鉴于小球藻易受污染（主要是食藻动物的干扰）的特性，在开放式培养过程中应始终保持小球藻具有种群优势。

2. 厂址选择

规模化培养小球藻的厂址除不需考虑母液碱外，其他与螺旋藻的厂址选择要求基本相同。需要强调的是，小球藻的养殖用水不能持续循环利用，用水量更大，所以厂址选择时应特别注重水源充足。我国小球藻户外大池规模化培养地区主要分布在海南、台湾、江苏、广东等温度较高、光照充足的亚热带地区。

传统小球藻培养配方多为 BG11 培养基，然而小球藻具有较强的耐氨性，既可利用氨态氮也可利用硝态氮生长。从生物学利用效率上，使用尿素或碳酸氢铵培养小球藻要比硝酸钠转化效率更高。生产上小球藻的培养基组成如表 2-2 所示。醋酸作为碳源和生产过程中调节 pH 的原料，使用量视生产过程中实际需要量而定，不作为配方独立列出。

表 2-2　小球藻的培养基成分

化学成分	用量（g/L）	化学成分	用量（g/L）
脲	0.5	K_2HPO_4	0.30
$MgSO_4 \cdot 7H_2O$	0.20	$FeSO_4 \cdot 7H_2O$	0.01
氯化钙	0.10		

小球藻的最适生长 pH 为 7.5 ~ 8.5，随着生长进程发展，其培养液 pH 不断升高，最高时可达到 9.0 以上，因此大池规模化培养过程中应进行酸

度调节，以促使其保持最佳生长状态。在生产实践中，企业多选择醋酸作为小球藻酸度调节剂，少数企业选择二氧化碳作为酸度调节剂，醋酸和二氧化碳也可同时起到补充碳源的作用。

二、养殖池准备

可以利用现有养殖螺旋藻的跑道池养殖小球藻，由于小球藻不具有气囊，长时间不搅拌具有下沉的特性，因此需要更强的搅拌系统。应对原螺旋藻养殖池进行改造，减少养殖池的搅拌死角，增加水流速度至 0.3 ~ 0.5 m/s，采取缩短养殖池长度至 60 m 以内、增加搅拌桨片数、增加引流板和扰流堆等措施，使培养液产生更大湍流。

另外，还可采用圆形池。圆形池在日本、印度尼西亚和我国台湾地区的小球藻养殖中得到了广泛应用。圆形池搅拌桨底部带有刮刀，最浅可以只养殖 5 cm 深，有时最深可达 1.2 m。文献报道的最大养殖池直径为 50 m，折合面积近 2 000 m^2，单位面积产率可达 25 g/(m^2 · d)。其搅拌臂过长时（如大于 50 m）搅拌效果不佳。

开放池养殖系统实现单一品种养殖的只有极端微藻，小球藻养殖属于高营养培养系统，但同时也面临细菌和原生动物的污染问题（图 2-8）。

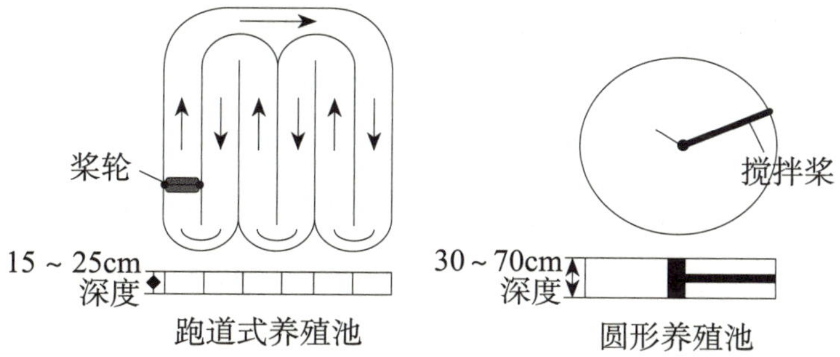

图 2-8　小球藻养殖池

在小球藻的养殖过程中，为了获得较高的生长速率和生长浓度，在有光照的情况下需不断添加醋酸，晚上停止添加，以防细菌生长速度超过小球藻的而造成污染。这种养殖模式只适合单一批次培养，即养殖用水不可循环利用，否则会造成严重污染。

与跑道池相比，圆形池具有养殖深度大、养殖效率高、搅拌效果好（底部刮刀可以有效防止因重力下沉导致小球藻积累在池底而造成细胞死亡）、污染相对较小、能耗低等优点（图 2-9）。

图 2-9　小球藻圆形养殖池

三、营养液配置

生产所用营养原料应使用食品添加剂类型的，小球藻的培养模式为流加培养，流加分为只流加醋酸和流加溶解有营养盐的醋酸两种模式。生产企业应准备与生产规模相适应的溶解池，培养基配置原则上应将醋酸和肥料分开配置，配置醋酸不可使用水泥池以防腐蚀。醋酸流加以不烧藻为原则，同时起到调节培养液 pH 的作用。配置好的营养液静置待用，用完之后应及时清除溶解池中的沉淀物及杂质。

四、藻种接种

接种前，养殖池应经过彻底清洁和消毒，消毒可以使用浓度为 100 mg/L 以上的有效氯水浸泡 2 ~ 3 d，然后用清水冲洗干净，再注入养殖所用清水。接种前，养殖池中应添加小球藻所需要的所有营养元素，不需要调节 pH，充分搅拌溶解。藻种在接入大池前应接受过充分的耐受强光照和温度变化等条件驯化。接种浓度应控制 OD_{680} 值 1.0 以上，选择晴天的早晨接种。接种后的水位深度不宜低于 20 cm，水温不低于 15℃，不高于 35℃，接种后待培养基 pH 升至 8.5 以上时开始流加醋酸调节 pH。

五、养殖过程管理

管理人员应对养殖池编号并按采收计划划分组别管理。一般情况下，为了获得较高的光合速率，养殖深度不宜超过 30 cm，培养液获得干重不超过 1 g/L。

过程监测：监测指标有显微镜观察、碳源检测、氮源检测、磷源检测、pH 检测，记录水位、记录降水量，观察藻液变化。

1. 营养源检测

扩池后至采收为一个周期，夏季采收周期一般为 5 ~ 7 d，深秋季节为 10 ~ 15 d。技术人员在采收前，取样进行 N、P 含量的检测，确定其浓度。采收后根据检测浓度确定补肥的种类和数量，其他营养盐根据 N、P 含量的检测结果按比例补充。养殖过程中每个周期选取每个小组中正常养殖的一个池子测定 N、P 浓度，采收后根据检测浓度确定补肥的种类和数量。

2. 水位、pH 监测

养殖过程中水位控制在 25 ~ 35 cm，每天监测养殖池水位变化，根据蒸发量进行补水。因下雨导致养殖水位增加时，根据变化情况和检测结果补充肥料，同时保持上午 8 点至下午 5 点有太阳光照期间始终流加醋酸，使培养液 pH 始终处于最适范围。

3. 虫害、卫生监测

每天定时巡查养殖池，观察水位有无异常降低，异常降低时应及时寻找漏点并修补。技术人员在清晨开启搅拌机前应对每个池子的死藻聚集侧进行观察，确认藻的状态及有无虫害发生。如出现红色斑块或油膜状态，应取样进行显微镜观察，确认害虫聚集较多时应及时采取措施。养殖过程中虫害的控制以预防为主，主要有两个途径：一是对养殖用水进行过滤或者用杀灭的方式净化水质，消除虫害，确保养殖用水干净；二是保持养殖池周围卫生，确保养殖池周边 1 m 范围内水泥硬化，无杂草、死藻、动物粪便、动物尸体等杂物，池面异物应及时清理。

4. 显微镜观察

技术人员应每日抽取每组中至少两个池或藻相有异常的养殖池中的藻液，取样显微镜下观察，观察小球藻细胞是否正常、是否有藻细胞发生聚集、是否有大量死藻产生、是否产生较多虫害。技术人员观察小球藻时，先在 100 倍下观察藻液整体情况，再使用盖玻片压片，调节显微镜至 400 倍下观察。如发现每滴藻液中含有 3 个以上轮虫，应采取杀灭措施处理。当藻液中有较多纤毛虫、鞭毛藻或嗜小球藻弧菌时，应及时采收。

六、搅拌

养殖池每天都要进行搅拌，由技术人员根据光照、气温、补肥及其他因素决定搅拌的时间和时间间隔。夏季搅拌参考时间：从上午 8 点到晚上 6 点；深秋低温或阴天时搅拌参考时间：上午 9 点到上午 10 点，上午 11 点到下午 2 点，下午 3 点到下午 5 点；暴雨或雷雨时，雨中停止搅拌，待雨停后恢复搅拌。

七、采收

（1）确定采收小组，采用分块区域采收模式，从而保证之后每块区域养殖池生长状况基本一致。监测养殖池藻液浓度，当 $OD_{680} \geqslant 2.5$ 时进行采收，有病虫害的养殖池应全部采收干净，无病虫害的养殖池可以采收 1/3 ~ 1/2。

（2）达到采收标准的养殖池，经采收渠道或管道放流至藻液集中池，再经泵送至离心房。

（3）小球藻采收，应首先用300目滤布除去杂质，透过藻液使用碟片离心机进行逐级浓缩分离，分离过程中应补充足够清水，以洗脱杂菌和培养基成分。

（4）严格控制采收速率，保证藻泥烘干正常进行，严禁出现藻泥异味情况。

（5）分离后的培养液不得循环使用，应排入污水处理站处理。

八、卫生、清洁

（1）厂区与周边环境有围墙分隔，不得饲养动物。

（2）生活区与生产区分隔明确，生产区域需要配备垃圾桶，并定时处理。

（3）确保养殖池周边硬化，且地面无积水、杂草以及各种杂物。

（4）集中池和回水池在每次采收结束后及时清洗消毒。

（5）小球藻养殖过程中使用到的工器具应清洁消毒后再投入使用。

九、养殖过程中的问题

1. 马勒姆杯球囊棕鞭藻（虫）（*Poterioochromonas malhamensis*）污染

马勒姆杯球囊棕鞭藻（虫）是一种广泛分布的兼性营养型浮游生物，是危害小球藻的主要原生动物之一，在培养液中暴发可导致小球藻细胞浓度迅速下降。其细胞内含有叶绿素，可进行自养生长，同时可摄食比自身体积小的微藻进行异养生长。最适生长温度为25℃，喜弱酸环境，光照条件下比黑暗条件下的捕食能力强，能摄食小球藻，导致养殖池颜色由绿色转变为棕黄色，同时伴有臭味，对生产造成严重影响。据研究，

当其浓度达到 5×10^5 个 /mL 且小球藻细胞浓度与马勒姆杯球囊棕鞭藻（虫）的浓度比为（15 ~ 30）: 1 时，能导致小球藻细胞浓度显著下降。通过通入空气和二氧化碳混合气体，控制小球藻培养液 pH 在 6.5 ± 0.2 时，能够有效抑制马勒姆杯球囊棕鞭藻（虫）和其他原生动物的污染。细胞壁较厚且个体小的藻种对马勒姆杯球囊棕鞭藻（虫）具有一定的抗性，通过提高小球藻的生长速率、降低 C、N 比以及降低糖类的含量，都可减轻马勒姆杯球囊棕鞭藻（虫）对小球藻的捕食。此外，通过筛选获得对马勒姆杯球囊棕鞭藻（虫）具有抗性的藻株也是一条解决生产难题的可行之路。

2. 纤毛虫污染

纤毛虫适宜生长的温度为 0 ~ 35℃，但最适温度范围比较窄，为 10 ~ 25℃，可在有机质丰富的水体中大量繁殖。纤毛虫类原生动物是危害小球藻正常培养的主要食藻动物，主要有寡毛双眉虫、尾丝虫、四膜虫、肾形虫等。纤毛虫耐氨能力强，生产上杀灭轮虫的方法对纤毛虫作用不理想。Wang 等利用原生动物不耐受重金属毒性的原理，通过使用 10.0 mg/L 的铜离子处理跑道池养殖的小球藻，可以彻底根除肾形虫；还发现 10.0 mg/L 的有效氯浓度可以清除 95% 的肾形虫；20.0 mg/L 的硫酸奎宁可以杀灭 85% 的肾形虫。Umar 等在实验室水平利用表面活性剂可以破坏原生动物细胞膜的原理，通过使用 40.0 mg/L 的 SDS（十二烷基硫酸钠）结合 2 L/min 的通气量，反复处理 3 次，可以去除 96% 的纤毛虫。Ma 等发现使培养液 pH 长时间保持在 6.0 或通入二氧化碳使 pH 保持在 6.5 的水平可以导致纤毛虫死亡。轮虫、钟虫、变形虫均属于对氨敏感的虫类，可通过螺旋藻杀灭轮虫的方法去除。

3. 细菌污染

食小球藻吸血弧菌（*Vampirovibrio chlorellavorus*）是一种不能进行光合作用的专门捕食小球藻的掠食性弧菌，可通过气溶胶悬浮在空气中，当有降雨时可随雨水进入小球藻培养系统，在没有活藻的环境中不能繁殖。*Vampirovibrio chlorellavorus* 暴发温度与小球藻的最适生长温度重叠，即 32 ~ 35℃。其细胞直径 0.3 ~ 0.6 μm，通过鞭毛附着到小球藻细胞壁上，然后经过Ⅳ型分泌系统（T4SS）向小球藻细胞内导入水解酶和 DNA，最终导致小球藻细胞内容物迅速释放而死亡变为空壳。死亡细胞聚集到一起，在 24 ~ 48 h 可将小球藻培养液颜色由绿色转变为棕褐色或黑色，水体发黑发臭，培养系统崩溃。根据原核生物不耐受 pH 骤变的原理及蓝细菌耐碱性不耐酸性的原理，Ganuza E 等通过使用体积分数为 34% 的盐酸使培养液 pH 迅速由 7.5 降低至 3.5，用 0.5 g/L 的醋酸将 pH 维持在 3.5，15 min 后再用 2 mol/L 的氢氧化钠使 pH 回升至 7.5。该方法能使小球藻细胞感染率超过 70% 的培养液在 12 h 内消除感染症状，培养液恢复正常并且产量增加，总菌数下降两个数量级（图 2-10）。

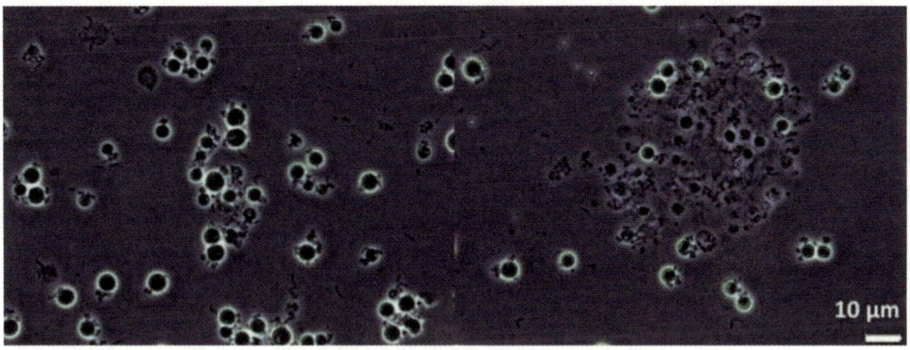

图 2-10　盐藻受污染情况

然而，该方法对于户外大池（每个池有几百吨甚至上千吨的水体）来说，迅速改变 pH 具有较大难度，且如果不能及时回调培养液 pH，长时间处于酸性条件下的小球藻会大量死亡，培养液会出现大量泡沫，严重时导致培养系统崩溃。

SethA.Steichen 等利用 qPCR 快速检测技术发现 *Vampirovibrio chlorellavorus* 的潜伏期为 7 ~ 9 d，暴发期 1 ~ 2 d，给出的建议是在暴发期快速采收受污染的小球藻或者采取其他措施缓解或消除感染。他们利用 2 mg/L 的广谱杀菌剂苯扎氯铵处理感染了 *Vampirovibrio chlorellavorus* 的小球藻液，培养时间可达到 22 d 或更长，对照组则在 12 d 内崩溃。

当保持培养液温度低于 32 ℃且避免外来雨水时，*Vampirovibrio chlorellavorus* 不会暴发。

每次培养结束后使用氯化物消毒剂彻底消毒，可以有效减少 *Vampirovibrio chlorellavorus* 的暴发。同时，培养过程中如能使用有效的监测手段，也可及时采取措施防止暴发。Attalaha 等通过夜间向培养基中通入 1 h 氮气除氧，利用藻类的呼吸作用使培养液中氧含量维持在低于 0.2 mg/L 接近零的水平，进而有效减少了 *Vampirovibrio chlorellavorus* 对小球藻的感染。

此外，培养液具有非极端 pH、非高盐的特性，虽然文献报道可以实现循环利用小球藻培养液，但小球藻在户外开放池的培养过程中伴随有大量的杂菌、有害菌等。经 3 次以上循环利用的培养液中，总菌数量可达 10^7 个 /mL，对产品质量造成较大影响。通过控制飞鸟和地面动物等外来动物进入场区，可以有效控制致病菌的感染。

第三节 微拟球藻的规模化养殖

微拟球藻（*Nannochloropsis* salina）细胞呈球形，直径 2 ~ 4 μm，单独或集合。色素体 1 个，淡绿色，侧生，仅占周围的一部分。眼点圆形，淡橘红色。在生长旺盛的情况下，色素体颜色很深，不容易观察到眼点。在氮缺乏的条件下，色素体变淡，眼点明显。没有蛋白核。淀粉粒 1 ~ 3 个，明显，侧生。细胞壁极薄，幼年细胞看不到，在分裂之前才变明显。分裂时，细胞壁扩大，与细胞之间形成空隙。

微拟球藻进行二分裂繁殖，细胞分裂为 2 个子细胞。细胞分裂后，子细胞由母细胞的细胞壁裂开处脱出，但有 1 个或 2 个子细胞附着在细胞壁上，互相连接为 1 个松散的树枝状群体。

一、环境条件对微拟球藻生长、代谢物积累以及产量的影响

环境条件对微拟球藻的生长、产量和细胞内各种营养成分含量都具有决定性的影响。

光照强度对微拟球藻的生长有极显著影响。随着光照强度的增强，微拟球藻的生长速度加快，产量提高，油脂含量也呈升高趋势，而不饱和脂肪酸 EPA 的占比呈下降趋势，饱和脂肪酸呈上升趋势。持续的光照有利于藻细胞生长，并且未发现光周期的延长能对其产生抑制现象。

微拟球藻对温度的适应范围较广，最适温度为 25 ~ 30℃。微拟球藻属

不同的种所能耐受的极限温度不尽相同。有的种能在零下低温存活，有的种对高温的耐受力能达到36℃。微拟球藻细胞内EPA的合成代谢受温度的影响极显著，有的种在25℃最适宜EPA的合成，也有的种EPA含量在20℃达到最高水平，超过20℃时EPA在总脂肪酸中所占的比例随温度的升高而下降。

微拟球藻对盐度的适应范围很广。过低盐度与过高盐度对藻细胞的生长相对不利，适宜盐度为13.7～33.4，最适盐度为26.9。

微拟球藻的生长对pH有较强的适应性，在pH为6.2～9.8时均能较好生长，但在pH低于5.5的条件下生长受到明显抑制。在不同pH条件下，微拟球藻的总脂肪酸含量在一个培养周期内均表现出相同的变化规律，在对数初期总脂肪酸含量略有下降，然后逐渐上升，在稳定期达到最大值，而EPA的含量在稳定期明显下降。在pH 6.8的条件下EPA含量较高，在pH 9.8的条件下EPA含量明显下降。

二、营养因子对微拟球藻生长的影响

1. 氮素营养

氮源是微拟球藻生长、繁殖的必要成分，氮素的营养形式和浓度对微拟球藻的生长和繁殖都会产生一定的影响。

比较硝态氮、铵态氮、尿素等不同形式的氮素营养对微拟球藻培养的效果表明，采用硝态氮培养，微拟球藻生长繁殖速度最快，产量最高，用铵盐培养微拟球藻则更有利于细胞内脂肪酸含量的提高。

在氮缺乏的培养条件下，微拟球藻的总脂肪酸含量达到60%，单位体积的总脂肪酸产量在氮充足时为117 mg/(L·d)，但氮缺乏时为

204 mg/（L·d）。

2. 磷素营养

磷元素的浓度对微藻的生长有一定影响。在一定范围内，磷浓度升高有利于微藻生长，而总脂肪酸含量却随着磷浓度的升高而略有降低。

3. 碳源

微拟球藻偏喜重碳酸盐，在培养时加入碳酸氢钠效果较好。大规模培养时加入碳酸氢钠，在短时间内可以获得较高产量。在培养微拟球藻时，通入适量比例（1% 为佳）的气体 CO_2 作碳源，微拟球藻的生长速度和产量都远远大于通入单纯空气的；总脂肪酸含量却随着 CO_2 浓度的升高而降低，EPA 的含量则随着 CO_2 浓度的升高而升高。

4. 铁离子

铁离子对微藻的生长有显著影响。研究表明，Fe^{2+} 浓度为 0 ~ 0.5 mmol/L 时，微拟球藻的比生长速率随 Fe^{2+} 浓度的升高而升高。铁离子的使用以螯合铁离子形式为佳，生产上最常用的是柠檬酸铁。

参考文献

吕本松，苗玉成，张磊，等，2013. 小球藻养殖技术的研究［J］. 盐业与化工，42（9）: 16−19.

韦金河，汪廷，冯伟民，等，2004. 小球藻大面积养殖技术［J］. 江苏农业科学，2 : 74−76.

Carney L T, Lane T W, 2014. Parasites in algae mass culture［J］. Frontiers in Microbiology, 5: 278.

Cassuriaga A P A, Moraes L, Morais M G, et al., 2023. Use of exogenous substrate in *Chlorella* cultivation: Strategy for biomass and polyhydroxybutyrate production [J]. International Journal of Biological Macromolecules, 231, 0141−8130.

Göksan T, Ak I, Gökpinar S, 2010. An alternative approach to the traditional mixotrophic cultures of *Haematococcus pluvialis* Flotow (Chlorophyceae) [J]. Microbiology and Biotechnology, 20(9): 1276−1282.

Gomez P I, Inostrozal I, Pizarro M, et al., 2013. From genetic improvement to commercial-scalemass culture of a Chilean strain of the green microalga *Haematococcus pluvialis* with enhanced productivity of the red ketocarotenoid astaxanthin [J]. AoB PLANTS, 26.

Gutman J, Zarka A, Boussiba S, 2009. The host−range of *Paraphysoderma sedebokerensis*, a chytrid that infects *Haematococcus pluvialis* [J]. European Journal of Phycology, 44(4): 509−514.

Krienitz L, Huss V A R, Bock C, 2015. Chlorella: 125 years of the green survivalist [J]. Trends in Plant Science, 20(2), 67−69.

Li F, Cai M, Lin M, et al., 2019. Differences between motile and nonmotile cells of *Haematococcus pluvialis* in the production of astaxanthin at different light intensities [J]. Marine Drugs , 17−39.

Liu J, Chen F, 2014. Biology and industrial applications of Chlorella: Advances and prospects [J]. Biochemical Engineering Biotechnology, 153.

Shah M, Liang Y, Cheng J, et al., 2016. Astaxanthin−producing green microalga *Haematococcus pluvialis*: From single cell to high value commercial products [J]. Frontiers in Plant Science, 7: 531.

Shukla S P, Kvíderová J, Tríska J, et al., 2013. Chlorella mirabilis as a potential species for biomass production in low−temperature environment [J]. Extreme Microbiology, 4.

Wu K, Ying K, Liu L, et al., 2020. High irradiance compensated with CO_2 enhances the effificiency of *Haematococcus lacustris* growth [J]. Biotechnology Reports, 26: e00444.

第三章 微藻饵料与饲料

第一节 概 述

一、微藻饵料、饲料的定义

微藻饵料是指经过人工筛选和培育，以微藻活体作为水产养殖动物及幼体食用的饵料。微藻作为水产动物苗种的开口饵料和次级饵料生物的营养强化食物，在水产育苗中的地位无可替代，核心地位主要表现在两方面：一是微藻可以作为贝类、对虾幼体和部分鱼类幼体的直接开口饵料；二是微藻是培养轮虫、卤虫、桡足类和枝角类等水产养殖次级饵料生物所必需的食物。

常见的饵料微藻有 20 多个属、40 多个种，包括硅藻、金藻和绿藻种类，主要用于鱼类、贝类、虾类及蟹类育苗，淡海水浮游动物（轮虫、桡足类等）培养，以及海参、鲍鱼、沙虫、海肠及贝类保肥增质的特种养殖。

微藻饲料指微藻作为非水产动物的饲料或饲料添加剂，为动物提供自身生长所必需的营养元素或微量元素。大量的营养及毒理学研究证明，微藻是一种适宜的饲料原料，尤其是小球藻、螺旋藻、盐藻和雨生红球藻等已经通过美国 FDA 认证，食用安全性毋庸置疑。

二、微藻饵料、饲料的特点

1. 常见饵料微藻的营养成分

微藻的营养成分丰富而且全面，是水产养殖动物苗种的初级食物。对 40 多种常见微藻饵料的成分分析表明，微藻饵料中蛋白质含量为 20%～40%、脂肪酸含量为 10%～20%、糖类含量为 5%～12%（表 3–1）。同时，微藻蛋白质含有丰富的必需氨基酸，如天冬氨酸和谷氨酸含量为 7.1%～12.9%，半胱氨酸、蛋氨酸、色氨酸和组氨酸的含量为 0.4%～3.2%，其他氨基酸含量为 3.2%～13.5%。

研究证明，小球藻和栅藻作为鱼粉的替代品用于饲喂罗非鱼，可替代饲料中 50% 的鱼粉，且在此含量下，鱼类的各种生长及生理指标均显著高于对照组。

微藻中含有多种类胡萝卜素，如 β–胡萝卜素、叶黄素、虾青素等。雨生红球藻中含有 1%～4%的虾青素，这些色素可作为色素增强剂用于水产饲料，对于鲑肌肉增色、鱼卵受精率提高、变态成活率提高、免疫力增强等具有良好作用。在观赏鱼饲料中加入 50 mg/kg 的虾青素能够有效改善鱼的体色。此外，相关研究证实，螺旋藻和小球藻中丰富的 β–胡萝卜素、叶黄素等色素物质，也能够有效起到增加观赏鱼体色的作用。目前，德国默斯特–巴斯利尔生物饲料的小球藻素食饲料产品已用于观赏鱼饲养，日本日之丸（EbitaBreed）和白仓食品（Shirakura）公司生产的观赏虾类（如水晶虾、玫瑰虾）饲料中也含有小球藻和螺旋藻。

表 3-1 常用饵料微藻的主要生化成分（%，以干重计）

微藻	蛋白质	糖类	脂类
大螺旋藻	65.0	20.0	2.0
平头螺旋藻	62.5	8.5	3.0
蛋白核小球藻	57.0	26.0	2.0
小球藻	51 ~ 58	12 ~ 17	14 ~ 22
海水小球藻	53.2	10.4	6.6
盐生杜氏藻	57.0	31.6	6.4
斜生栅藻	52.0	12.5	9.0
微缘藻	46.7	46.4	6.9
四鞭藻	52.0	15.0	2.9
角刺藻	35.0	6.6	6.9
牟氏角刺藻	28.5	—	—
简单角刺藻	34.3	—	6.0
新月菱形藻	47.6	—	—
三角褐指藻	33.0	24.0	6.0
中肋骨条藻	27.0	20.8	4.7
矮小海链藻	40.7	26.5	11.7
湛江叉边金藻	37.0	31.5	19.0
绿光等边金藻	46.8	22.5	22.3
陆氏尔巴氏藻	49.0	31.4	11.6
沿岸天然浮植	20.0	17.0	27.0

（1）维生素：微藻是几乎所有必需维生素的重要来源，如维生素 A、维生素 B_1、维生素 B_2、维生素 B_6、维生素 B_{12}、维生素 C、维生素 E、烟酸盐、维生素 H、叶酸以及泛酸等。均衡的维生素组成是微藻的优势。

（2）不饱和脂肪酸：不饱和脂肪酸（polyunsaturated fatty acid，PUFA）是指含有两个或更多个双键的长链脂肪酸。根据靠近双键碳原子的位置，PUFA 可分为 ω-3、ω-6 等系列脂肪酸。所谓 ω-3 系列 PUFA，就是在 ω 碳原子数第 3 位上存在有双键的 PUFA，主要包括二十碳五烯酸（EPA）、二十二碳六烯酸（DHA）、α- 亚麻酸（ALA）、二十二碳五烯酸（DPA）。ω-6 系列 PUFAs 是在 ω 碳原子数第 6 位上存在有双键的 PUFA，主要包括亚油酸（LA，十八碳二烯酸）和花生四烯酸（AA，二十碳四烯酸）。ω-3 和 ω-6 之间是不能相互转化的，在动物体内由于可竞争相同的酶系而能相互影响。

海洋微藻中脂肪酸的组成多种多样，不同种类的 PUFA 含量差别大，同一种类的不同品系间也存在较大差异。

硅藻纲（Bacillariophyceae）：C14：0、C16：0、C16：1（ω-7）和 C20：5（ω-3）是主要特征脂肪酸，占总脂肪酸的 67% ~ 70%。其中三角褐指藻（*Pheaodactylum tricornutum*）EPA 含量较高，几乎不含有或仅含有微量的 DHA 和 C20。

绿藻纲（Chlorophyceae）：单不饱和及双不饱和脂肪酸含量较高，PUFAs 主要是 C16 和 C18 类，缺乏 C20 以上的 PUFAs。但是微绿球藻（*Nannochlorsis* sp.）例外，细胞内 C20：4（ω-6）较高，C18：3（ω-3）较低。

眼点藻纲（Eustigmatophyceae）：脂肪酸组成相对简单，C16：0、C16：1（ω-7）和 C20：5（ω-3）构成主要脂肪酸，在眼点拟微球藻（*Nannochloropsis oculata*）中占总脂肪酸的比例可达 74.8%，有些种含有较高的 C20：4（ω-6）。该纲微藻脂肪酸组成的主要特点在于含有较高的

EPA，但缺乏 C16 和 C18 的 PUFA。

绿枝藻纲（Prsinophyceae）：C16：0、C18：3（ω-3）、C16：4（ω-3）和 C18：1（ω-9）是主要脂肪酸，有的种也含有较高的 EPA。该纲微藻脂肪酸组成和绿藻纲有诸多相似之处，但前者几乎不含有 C16：3（ω-3）。

黄藻纲（Xanthophyceae）：C16：0、C16：1（ω-7）含量最为丰富，EPA 含量较少，一般不含或仅含微量的 C16、C18 和 C22PUFA。

隐藻纲（Cryptophyceae）：C16：0、C18：1（ω-9）和 EPA 含量较为丰富，C18：0 含量甚微。C18 的 PUFAs 比例较高，C16 的 PUFAs 几乎检测不到。

根据以上各纲脂肪酸的组成特点，可以发现 PUFAs 在微藻中分布极为不均，有的种含量较高，有的种却几乎检测不到（表 3-2、表 3-3）。

表 3-2　常用饵料微藻的脂肪酸成分组成（%总脂）

脂肪酸	大螺旋藻	平头螺旋藻	小球藻	海水小球藻	杜氏藻	巴德威尔杜氏藻（1）	斑点微绿藻（2）	斜生栅藻	瑞典四鞭藻（3）	硬刺环典藻	纤刺细角藻	三角褐指藻	中条肋骨藻	矮小海链藻	绿光等鞭金藻	陆慈尔巴氏藻
12：0	0.4	0.4	—	—	TR	—	TR	1.8	0.7	TR	TR	—	TR	—	—	0.3
13：0	—	—	—	0.7	—	—	—	—	—	—	—	—	—	—	—	—
13：1	—	—	—	0.2	—	—	—	—	—	—	—	—	—	—	—	—
14：0	1.1	0.7	0.9	8.0	0.2	—	0.6	2.4	0.9	17.5	8.8	9.5	20.1	6.1	2.12	11.5
14：1	—	0.2	2.0	1.7	—	—	—	—	—	—	—	—	—	—	—	—
15：0	—	TR	1.6	1.0	TR	—	0.1	—	0.3	0.8	1.0	—	1.2	—	2.35	0.5
16：0	33.7	45.5	20.4	22.0	14.7	41.7	20.1	18.0	24.0	10.7	23.3	15.0	16.5	11.5	14.85	21.3
16：1	3.0	9.6	5.5	18.7	2.9	7.3	11.3	4.1	2.3	30.8	34.7	27.4	38.5	26.0	9.58	16.8
16：2	3.6	1.2	1.7	2.8	0.7	—	4.2	3.1	1.8	5.1	4.6	—	6.8	—	—	0.4
16：3	—	—	0.7	—	4.2	—	15.3	—	6.5	8.0	2.3	—	3.7	—	—	0.4
16：4	—	—	—	0.1	21.0	3.7	—	—	7.9	0.3	—	—	2.6	—	—	—

（续表）

脂肪酸	大螺旋藻	平头螺旋藻	小球藻	海水小球藻	杜氏藻	巴德威尔杜氏藻（1）	斑点微缘藻（2）	斜生栅藻	瑞典四鞭藻（3）	硬刺环典藻	纤刺细角藻	三角褐指藻	中条肋骨藻	矮小海链藻	绿光等鞭金藻	陆慈尔巴氏藻
17：0	0.2	0.3	2.5	—	0.1	—	—	1.1	0.3	0.3	0.3	—	0.6	—	2.03	0.2
17：1	—	—	—	—	—	—	—	—	—	—	—	9.0	—	8.0	6.82	—
18：0	TR	1.3	15.3	1.1	0.4	2.9	1.1	33.7	0.6	0.8	4.1	4.9	0.8	5.4	2.12	1.3
18：1	4.0	3.8	6.6	2.8	2.3	8.8	5.3	10.5	15.6	3.0	5.3	—	1.5	2.0	7.18	3.6
18：2	22.3	14.5	1.5	1.5	4.8	15.1	10.3	5.3	13.9	1.6	2.5	0.3	2.2	2.8	1.29	1.9
18：3	18.2	21.6	20.5	0.8	40.2	—	21.7	—	7.3	0.4	0.6	—	0.6	—	12.26	2.2
18：4	—	—	—	—	1.0	—	2.7	—	4.8	0.5	0.2	—	2.2	—	15.20	6.0
20：0	—	—	—	—	TR	—	0.1	—	—	—	0.3	6.5	TR	22.5	—	0.3
20：1	—	—	—	—	—	—	—	—	2.6	—	—	—	—	—	5.34	—
20：2	—	—	1.5	—	—	—	—	—	—	—	—	5.9	—	0.8	0.46	—
20：3	—	0.4	—	—	—	—	—	13.1	—	—	—	—	—	—	4.15	—

（续表）

脂肪酸	大螺旋藻	平头螺旋藻	小球藻	海水小球藻	杜氏藻	巴德威尔杜氏藻（1）	斑点微缘藻（2）	斜生栅藻	瑞典四鞭藻（3）	硬刺环典藻	纤刺细角藻	三角褐指藻	中条肋骨藻	矮小海链藻	绿光等鞭金藻	陆慈尔巴氏藻
20：4	—	—	—	3.0	—	—	1.6	—	2.2	5.9	4.5	—	TR	—	—	—
20：5	—	—	—	29.0	—	—	3.2	—	5.3	11.1	4.6	16.9	6.0	12.3	—	21.7
22：0	—	—	—	—	TR	—	—	—	—	—	0.6	—	TR	—	—	0.3
22：1	—	—	—	—	—	—	—	—	—	—	—	—	—	1.2	6.17	—
22：3	—	—	—	—	—	—	—	—	—	—	—	—	—	—	2.86	—
22：5	—	—	—	—	—	—	—	—	—	—	—	—	—	—	2.40	—
22：6	—	—	—	2.1	—	—	TR	—	TR	0.8	0.8	1.9	2.0	—	2.86	9.4
24：0	—	—	—	—	TR	—	0.1	—	—	0.1	0.3	2.8	TR	1.9	—	0.2
作者	Durond-Chaslel, 1980	Hudson et al., 1980	Podoji et al., 1978	Teshim et al., 1987	Volkma et al., 1880	Fried, 1082	Volkmon et al., 1989	Podojil et al., 1978	Volkma et al., 1980	Volkman et al., 1939	Volkma et al., 1939	Epifani et al., 1981	Volkma et al., 1980	Epifan et al., 1988		Volkma et al., 1089

表 3-3　常用饵料微藻的氨基酸成分组成（%总氨基酸）

必需氨基酸	大螺旋藻	平头螺旋藻	蛋白核小球藻	小球藻	杜氏藻	斜生栅藻	亚心形扁藻	牟氏角刺藻	简单角刺藻	新月菱形藻	三角褐指藻	中肋骨条藻	矮小海链藻	湛江叉鞭金藻	绿光等鞭金藻	6 种硅藻平均值
异亮氨酸	6.8	6.4	3.4	3.2	4.2	3.6	4.1	5.6	5.6	5.4	5.1	3.9	5.6	5.1	4.4	4.4
亮氨酸	10.9	9.2	4.0	9.5	8.5	7.3	8.4	8.1	8.8	7.5	8.9	7.0	9.6	8.8	8.3	8.6
赖氨酸	5.3	4.7	7.9	6.4	5.4	5.6	5.9	6.8	6.2	5.3	5.1	5.7	6.3	3.4	5.0	2.9
蛋氨酸	2.3	2.7	1.8	1.3	1.2	1.5	1.5	1.8	2.8	1.6	1.9	2.5	2.3	0.5	1.8	1.3
苯丙氨酸	5.7	4.7	4.5	5.5	6.2	4.8	5.7	6.3	5.3	6.3	5.7	5.6	6.0	8.2	3.8	4.1
苏氨酸	5.6	5.4	3.2	5.3	5.9	5.1	4.6	4.4	5.1	5.6	5.7	4.1	4.2	6.4	5.2	6.9
色氨酸	1.5	1.7	—	—	—	0.3	—	—	1.7	—	—	1.1	0.4	—	—	—
缬氨酸	7.5	6.9	5.1	7.0	5.5	6.0	6.6	0.4	6.2	5.9	6.4	5.9	6.7	8.0	6.2	2.3
精氨酸	7.2	6.7	5.6	6.9	7.0	7.1	7.0	6.7	5.3	5.8	9.6	12.1	6.6	5.2	4.7	8.5
组氨酸	2.0	1.6	1.4	2.0	1.8	2.1	2.1	2.2	1.8	1.7	1.4	1.5	2.4	1.3	2.1	1.5
丙氨酸	9.0	8.1	5.9	9.4	7.6	9.0	8.0	6.8	7.0	7.2	8.3	4.8	6.8	8.7	15.2	9.5

（续表）

必需氨基酸	大螺旋藻	平头螺旋藻	蛋白核小球藻	小球藻	杜氏藻	斜生栅藻	亚心形扁藻	牟氏角刺藻	简单角刺藻	新月菱形藻	三角褐指藻	中肋骨条藻	矮小海链藻	湛江叉鞭金藻	绿光等鞭金藻	6 种硅藻平均值
天冬氨酸	12.2	9.2	5.9	9.3	11.1	8.4	10.6	10.4	13.4	11.6	10.8	10.8	10.3	12.7	9.1	7.2
胱氨酸	0.7	1.0	1.4	—	0.4	0.6	0.5	0.7	—	0.6	0.6	—	1.0	—	—	1.4
谷氨酸	7.4	12.9	9.3	13.7	12.7	10.7	12.6	16.5	10.8	13.3	13.4	17.1	11.2	12.9	11.2	7.2
甘氨酸	6.6	5.0	4.8	6.3	6.2	7.1	6.7	6.8	7.0	6.4	7.0	5.3	7.0	6.7	11.6	9.4
脯氨酸	4.1	3.6	4.0	5.0	5.9	3.9	5.6	4.5	5.4	4.9	4.4	4.5	4.9	4.3	5.5	4.0
丝氨酸	4.9	5.6	2.2	5.8	5.3	3.8	4.5	5.9	5.9	5.6	5.1	3.9	5.0	5.5	5.5	10.4
酪氨酸	4.2	5.0	2.7	2.8	6.0	3.2	5.6	6.0	4.0	5.6	3.2	4.2	3.6	1.8	—	0.9

2. 微藻饲料的优势

微藻作为饲料原料或饲料添加剂有以下优势：

（1）豆粕、鱼粉等大宗饲料资源量有限，但需求量不断上升，所以价格逐年递增，急需寻求原料新来源。

（2）微藻可以通过改变培养工艺达到调控营养成分或活性物质含量的效果，能满足不同饲料对原料成分的不同需求。

（3）微藻可以通过特定的培养，富集各种微量元素，并且将无机微量元素转化为更有利于生物体吸收利用的有机形式的微量元素。

（4）微藻中核酸（包括 DNA 和 RNA）含量较高，达到 4%～6%。研究表明，水产饲料中添加适量核酸能起到诱食和促进水产动物生长的效果。

（5）许多微藻中含有 PUFA，可作为水产饲料中鱼油的替代品，同时微藻 PUFA 对水产养殖动物的生长、发育和品质具有重要的影响。

（6）微藻中含有多种抗氧化剂（例如维生素、谷胱甘肽），对水产动物生长具有一定的功效。

（7）微藻多糖具有增强免疫的效果，如螺旋藻多糖、紫球藻多糖，应用于水产饲料，有助于提高养殖动物的抗病能力。

（8）微藻中含有丰富的色素，如虾青素、叶黄素、β- 胡萝卜素等，能够起到改善鱼类、虾类的体色和肌肉颜色等作用，可提高产品的市场价值。

三、微藻与养殖水质

养殖水质的控制俗称“养水”，是水产养殖技术中的重要环节，尤其在当前盛行的高密度养殖模式下，水质控制显得尤为重要。养殖过程中，通常添加各种调水剂，如硝化细菌、光合细菌、乳酸菌、芽孢杆菌等菌剂，用于降解残饵和粪便中的有机物，并将具有毒害作用的氨氮和亚硝氮转化为硝酸氮。各类菌剂的使用可以从一定程度上控制水质，菌体生长可同化水体中的无机氮，转化成细菌自身成分，同时水体中的浮游动物可摄食菌体，而后被鱼虾摄食，使水体中的氮元素重新进入食物链，降低水体中的总氮浓度。

目前，各类菌种在水体中的高密度生长受到碳源的限制，目前流行的生物絮团技术需要向水体中大量补充有机碳源（如蔗糖），通过细菌絮凝成颗粒物质被养殖生物所摄食，起到调控水质的作用，但此技术的应用受到成本的限制。光合细菌可以利用二氧化碳进行光合作用，解决碳源缺乏的问题，但光合细菌因特殊的光谱需求及厌氧偏好等自身因素，在水体中的繁殖能力有限，且不产生氧气。各类细菌的高密度生长也是一个耗氧过程，会大幅度降低水体中的溶解氧。在所有能进行光合作用的生物中，微藻的光合作用能力最强，生长繁殖速度快，能够形成高密度生物量，在氮、磷元素及光照适宜的条件下，能够在水体中快速形成种群优势，达到迅速降低水体中氮、磷浓度，增加水体溶解氧的功效。同时，微藻容易被浮游动物和滤食性动物摄食，能够起到促进营养物质循环、降低饵料系数、提高养殖动物成活率等作用。

微藻不仅在养殖水质控制环节中起到不可替代的作用，还能整体性提高养殖效率。建立和维持养殖水体中特定微藻种群优势的过程俗称“调水色”，能够起到净化水质、增加溶解氧、抑制有害微生物、提供肥水并提供饵料，构建养殖水体生态系统的重要作用，是养殖生产的一个重要环节。此种结合微藻调控的水产养殖方式在国外称为绿水（greenwater）养殖方式，相对应地，水体中不用微藻调控的养殖方式称为清水（clearwater）养殖。常见的有益水色有 3 类：

（1）棕色：主要含硅藻，是养虾的最佳水色，硅藻是对虾的优质饵料。

（2）淡绿、翠绿色：主要含绿藻，能大量吸收氮，净化水质。

（3）淡黄、金黄色、黄绿色：主要含金藻、微拟球藻等。

1. 绿水养殖优势

研究和生产实践证明，绿水养殖与清水养殖相比，在提高存活率、降低有害菌数量、提高产量、降低饵料系数、增加养殖收益等方面具有明显的优势。如在南美白对虾的养殖实验中发现，绿水方式养殖的单尾对虾收获体重比对照清水养殖高 40%以上，饵料系数为 1.8，对照为 2.6；在罗非鱼的养殖实验中发现，绿水养殖方式能显著控制水体中有害菌的数量；在军曹鱼稚鱼、仔鱼的养殖实验中发现，使用绿水方式养殖，存活率比对照提高接近 100%。

在菲律宾 East Kalimantan 地区 11 hm^2 的养殖池中进行对虾和罗非鱼混养的生产性实验证明，绿水方式养殖能使对虾增产 20%，罗非鱼增产 3.42 倍，由此带来的经济效益非常明显。在鱼类育苗中绿水方式也有明显的优势，国外研究证明，在大菱鲆、鲻鱼、金头鲷、大西洋庸鲽、海鲈鱼等鱼类育苗中，采用绿水方式（直接在育苗水体中利用微藻培养的次级饵料，如轮虫）进行育苗，鱼苗的体长、体重、生长速率、成活率等多项指标均明显高于对照。

养殖户多在养殖池中利用自然水体中的土著藻种调水色，此种方法的缺陷是只能被动地利用水体中的土著藻种，无法根据需求进行优化选择；同时，一旦池塘出现“倒藻”现象，再培养藻种时间较长；而且，当季节变化时，光照和水温发生变化，加之水体氮、磷比失调等，养殖水体中优势藻种种群也会随之发生变化，极有可能产生有害水色，如蓝藻水色。因此，完全有必要经常补加有益藻种，使之在水体中保持优势种群地位，以保证水色稳定。

2. 微藻调水剂

国外已有利用人工培养的微藻直接添加到养殖水体，以维护水色稳定的报道，常用的藻种主要是绿藻和金藻类，如小球藻、扁藻、微绿球藻、塔胞藻、等鞭金藻、巴夫藻等。另外，真眼点藻纲的微拟球藻也是常用的藻种，产品形式为高密度浓缩微藻藻浆或藻膏。

国内与微藻调水剂相关的产品主要有两类：一类为培藻剂，成分多为微量元素、氮磷肥、有机肥等，或掺有部分菌剂，用于养殖水体肥水；另一类为藻种，但此类产品市场规模目前较小，有待开发。值得注意的是，目前市场上已见到假冒产品，或以绿颜色水冒充微藻浓缩液，或声称干藻粉能复活，或声称培藻剂中带有藻种。这些虚假信息欺骗误导养殖户，已经造成经济利益的损失，在生产中需认真鉴别。

按我国 2022 年海水养殖数据计算，池塘模式的养殖面积有 2 074 420 hm^2，仅按每亩*0.2 kg（干重）微藻调水剂计算（按每年每亩池塘泼洒两次计算，每次 1 kg 浓缩藻泥，两次约合干重 0.2 kg），需求量在 6 000 t 干重以上，目前此市场的开发度几乎为零。

第二节　常用的饵料、饲料微藻

一、饵料微藻的种类

微藻的种类有很多，目前世界各地已有 40 多种微藻可用作水产动物

* 亩为非法定计量单位。1 亩 ≈ 667m^2。

幼体的基础活饵料，但能在大规模苗种生产中推广应用的微藻只有 20 多种。它们在水产动物苗种生产中的作用，一是直接作为海参、贝类、对虾等幼体的饵料；二是通过微藻、浮游动物形成的食物链，作为大多数鱼类仔鱼的间接饵料。轮虫、卤虫等动物性饵料效果，取决于投喂的饵料微藻的质量。微藻饵料影响着各类水产动物的营养、生理与繁殖，所以微藻是水产动物苗种生产的基础。

不同的海水养殖动物需要的饵料微藻种类不同，通常情况下几种微藻混合使用的效果最佳。表 3–4 为一些常用饵料微藻种类。

表 3–4　常用饵料微藻种类

分类	种属名	主要用途（饲喂对象）
蓝藻	螺旋藻 *Spirulina*	次级饵料培养（轮虫、枝角类、桡足类），对虾育苗
硅藻门	骨条藻 *Skeletonema*	对虾幼体、双壳贝类幼体、双壳贝类成体
	海链藻 *Thalassiosira*	对虾幼体、双壳贝类幼体、双壳贝类成体
	褐指藻 *Phaeodactylum*	对虾幼体、双壳贝类幼体、双壳贝类成体、淡水虾类幼体、卤虫
	角毛藻 *Chaetoceros*	海参、对虾幼体、双壳贝类幼体、双壳贝类成体、卤虫、鱼类
	辐环藻 *Actinocyclus*	双壳贝类成体
金藻门	菱形藻 *Nitzschia*	卤虫
	小环藻 *Cyclotella*	卤虫
	等鞭金藻 *Isochrysis*	海参、卤虫、对虾幼体、双壳贝类幼体、双壳贝类成体、淡水虾类幼体、调水色
	巴夫藻 *Pavlova*	海参、双壳贝类幼体、双壳贝类成体、卤虫、海水轮虫、调水色

（续表）

分类	种属名	主要用途（饲喂对象）
绿藻门	扁藻 *Tetraselmis*	对虾幼体、双壳贝类幼体、双壳贝类成体、鱼类、卤虫、海水轮虫、鲍鱼幼体
	塔胞藻 *Pyramimonas*	双壳贝类幼体、双壳贝类成体
	微胞藻 *Micromonas*	双壳贝类成体
	衣藻 *Chlamydomonas*	双壳贝类幼体、双壳贝类成体、淡水浮游动物、海水轮虫、卤虫
	绿球藻 *Chlorococcum*	双壳贝类成体
	四鞭藻 *Carteria*	双壳贝类成体
	盐藻 *Dunaliella*	双壳贝类成体、卤虫、海水轮虫
	小球藻 *Chlorella*	淡水虾类幼体、双壳贝类成体、鱼类、海水轮虫、淡水浮游动物
	微绿球藻 *Nannochloris*	双壳贝类成体
	红球藻 *Haematococcus*	对虾幼体、双壳贝类幼体、淡水虾类幼体
其他	隐甲藻 *Crypthecodium*	次级饵料培养

二、微藻饵料在水产养殖中的应用

微藻是一种营养价值高的优质饵料，可提高水产动物，特别是海珍品育苗的成活率，降低育苗成本，提高幼体的免疫力和活力，还可使观赏鱼的体色鲜艳。微藻或以微藻为食的浮游动物（如轮虫）是经济水生动物的天然饵料，这些饵料的有无或优劣已成为决定鱼、虾、贝类人工育苗成败的关键因素之一。

可应用于饲料行业的微藻种类有很多，目前培养并应用的微藻饵料有绿藻门的盐藻（*Dunaliella salina*）、小球藻（*Chlorellasp*）、亚心形扁藻（*Platymonas subcordiformis*）、微绿球藻（*Nannochlori soculata*）、塔胞藻（*Pyramidomonas sp.*），硅藻门的小新月菱形藻（*Nitzschiaclosterium*）、牟氏角毛藻（*Chaetoceros muelleri*）、三角褐指藻（*Phaeodactylum tricornutum*）、中肋骨条藻（*Skeletonema costatum*），金藻门的等鞭金藻（*Isochrysis*）、湛江等鞭藻（*Lsochrysis zhanjiangensis*）、绿色巴夫藻（*Pavlocaviridis*），蓝藻门的鱼腥藻（*Anabaena*）、螺旋藻（*Spirulina*）等。

微藻应用于水产饲料主要有两种添加方式：一种是直接作为活饵投喂；另一种是制成藻粉添加于配合饲料中。微藻活饵适口，可直接作为水产养殖对象的饵料，如大多数贝类的幼虫。同时，微藻可进行光合作用放出氧气，改善水质。此外，微藻还起到了“间接饵料”的作用，微藻活饵投喂可用于培养动物性生物饵料，如轮虫、枝角类、桡足类等，而后再以动物性生物饵料作为水产养殖对象的饵料，如作为虾类的糠虾幼体、仔虾，蟹类的溞状幼体、大眼幼体，鱼类的仔鱼、稚鱼等的饵料。

微藻也可作为饲料添加剂：一是其营养丰富，适用于多种水产养殖对象，可补充营养元素，降低饲料成本，如螺旋藻、小球藻等是潜在的饲料蛋白源替代品；二是微藻含有多种生物活性物质和抗菌、抗病毒物质，如甘露醇、核苷类、萜类、大环内酯、生物碱等，能增加水产养殖动物的抗病能力，提高成活率；三是微藻含有较高浓度及高价值的色素，是观赏类水产对象着色的主要色素。

1. 用于水产动物育苗

在研究和生产实践中发现，微藻饵料对鱼虾蟹幼体开口阶段的发育，特别是在对虾类育苗从无节幼体变态为溞状幼体时期具有重要作用。扁藻、金藻等可维持对虾、蟹类的发育和变态蜕皮；小眼花帘蛤浮游幼虫阶段的面盘幼虫优先摄食小球藻；在鲍浮游幼体发育生长至稚鲍过程中，通过利用易消化的硅藻细胞内含物可进入快速生长阶段；在玛拉巴石斑鱼育苗中，投喂经过小球藻进行营养强化 8 h 以上的轮虫，仔鱼的成活率可提高 85.3% ~ 97.3%。

（1）贝类种苗（牡蛎、扇贝、鲍鱼、蛤蜊等）：微藻是水生生态系统中最主要的初级生产者，以微藻作为食物来源的动物种类繁多。其中，滤食性软体动物（牡蛎、蛤、蚌、贻贝和扇贝）都是食草性的，生活史中始终需要消耗微藻，具有很强的滤水能力，并利用摄食器官把水体中的微藻过滤出来作为食物。滤食性双壳贝类具有极高的过滤微藻的效率，能够在微藻浓度很低的情况下高效地浓缩水体中的微藻。滤食性双壳贝类分离微藻是通过外套膜、鳃以及唇瓣等器官相互配合完成的，当滤食性双壳贝类食物供给远远过剩时，会形成大量“假粪”将过滤后的微藻排出体外，并且进入消化道的微藻也因为持续大量地摄食，大部分不被消化而排出体外，利用滤食性双壳贝类这一生物学特性可以实现对微藻的浓缩分离。

软体动物的养殖一直用微藻作为唯一的活体饵料。新的喂养方法如酵母、细菌、微粒子、泥浆、面团或冷冻干燥的微藻均被试验过，但迄今为止没有一个能够完全替代活体微藻。软体动物是消费微藻最多的种群，以平均每年 8.5% 的速度增长。贝类育苗场在人工控制条件下虽然消除了大部分自然灾害，但必须添加人工培养的微藻饲料以满足幼苗、后期幼苗甚至是亲苗的摄食需求。用于软体动物幼苗饲喂的微藻种类较多，主要包括硅藻（角毛藻、骨条藻、三角褐指藻、海链藻）、金藻（球等边金藻、绿色巴夫藻）、绿藻（扁藻、杜氏盐藻）、黄藻（眼点微拟球藻），使用率各不相同，从 10% 到 80% 不等。

不同软体动物对微藻的需求有差异，取决于它们是亲鱼、幼鱼还是幼苗后期的饲喂。幼苗期尽管需求量小，且时间短，但是需求高质量的藻类；幼苗后期所需的藻类质量稍低，但对一定的生化成分极其敏感，且藻类需求量是幼苗时期的近 100 倍。相比之下，繁殖育种期则对藻类的数量和质量均有较高要求。尽管目前育苗场已经掌握了一定的活体微藻生产技术，但在某些情况下仍受到数量和质量的限制，有效供应常常与育苗期脱节，严重影响苗种质量和成活率。随着软体动物逐渐长大，藻类消耗也随之增加，对于 10^6 个 /mL 的藻液，每百万只 6 ~ 12 mm 的贝类幼苗对藻类的需求量是 40 ~ 100 g（干重）。研究表明，太平洋牡蛎、长牡蛎、扇贝和欧洲扇贝对微藻的需求量如下：100 万只 0.2 ~ 0.3 mm 的后期幼苗大约需要 300 g（干重）微藻。也有研究报道认为，这一数值应为 14 kg（干重）微藻。

我国贝类养殖产业占据了全世界产量的 78%，其中占牡蛎总产量的 50% ~ 60% 的牡蛎（*C. plicatula*）、占 20% ~ 30% 的日本牡蛎（*C. rivularis*）、占 10% ~ 20% 的太平洋牡蛎（*C. gigas*），利用以上数据能推算全世界对活体微藻的需求量。在我国水产养殖的物种中，蛤、彩色文蛤（俗称花蛤）、乌蛤、海湾扇贝、皱纹盘鲍以及珍珠牡蛎（马氏珠母贝）部分或全部依赖人工育苗，对微藻的需求将超过 131 t 干重。我国另一个完全依赖人工育苗的物种是太平洋牡蛎，年产量超过 60 万 t，对微藻的需求量超过 314 t 干重。

①微藻在扇贝人工育苗中的应用。

a. 亲贝的选择与培养阶段：亲贝应选择个体健壮、软体部肥满、发育良好、无死亡或死亡量少、外壳完整、无损伤、无附着物或附着物少的个体，繁殖季节挑选亲贝时则应选择性腺丰满的个体。虾夷扇贝（*Pectenyesoensis Jay*）亲贝应挑选 2 龄以上的健康贝，栉孔扇贝（*Chlamys farreri*）应挑选 2 龄左右的健康贝，海湾扇贝（*Argopecten irradians irradians*）则挑选养殖成活率高的健康贝。

亲贝暂养升温期间每天升温 0.5 ~ 1.0℃，根据升温的幅度和亲贝的活力变化中间可暂停（恒温）1 ~ 2 次，每次持续 2 ~ 3 d。温度提高到亲贝产卵温度后恒温培育。虾夷扇贝的促熟培养水温为 5 ~ 8℃，栉孔扇贝的促熟培育水温为 15 ~ 17℃，海湾扇贝的促熟培育水温为 22 ~ 23℃。在临近产卵时温差应保持在 ±0.3℃以内。饵料可用三角褐指藻、小新月菱形藻、等鞭金藻、小球藻、塔胞藻和扁藻等，日投喂量（2.5 ~ 3.0）$\times 10^5$ 个 /mL，分 10 ~ 12 次投喂。

b. 幼虫培育阶段：幼虫大小因扇贝的种类不同而有差异，海湾扇贝的幼虫培育适宜密度为 10 ~ 15 个 /mL，栉孔扇贝大多为 8 ~ 10 个 /mL，虾夷扇贝则为 5 ~ 7 个 /mL。海湾扇贝幼虫的培育水温大多为 22 ~ 24℃，栉孔扇贝多为 18 ~ 20℃，虾夷扇贝则多为 15℃左右。从 D 形幼虫开始进行投饵，投喂的饵料种类可为等鞭金藻、小新月菱形藻、三角褐指藻、小球藻、塔胞藻和扁藻等，前期以投喂体积较小的金藻类为主，后期可加喂扁藻等个体较大的藻类，并且随着幼虫的生长，大个体的藻类投喂比例可逐步增大。几种藻类混合投喂的效果要优于单一投喂。D 形幼虫初期日投喂量为（1.0 ~ 1.5）$\times 10^4$ 个 /mL，壳顶期为（1.5 ~ 5.0）$\times 10^4$ 个 /mL，分 3 ~ 6 次投喂。投喂量要根据培育密度、幼体摄食情况及时进行调整，随着幼体长大，投喂量也相应地增大。

②微藻在牡蛎人工育苗中的应用。

a. 亲贝的选择与培养阶段：挑选 2 ~ 3 龄、壳长 10 ~ 15 cm、体重大于 100 g、左壳凹凸大、无损伤、无特异病原体的健康个体作为亲贝。亲贝入池时应除去贝壳表面的浮泥和附着生物，然后放入室内暂养。亲贝暂养过程中，每天升温 0.5 ~ 1.0℃为宜。亲贝暂养期间可投喂硅藻、金藻或扁藻等饵料，以促进性腺成熟。投饵量以硅藻或金藻计算，每天（1.5 ~ 4.0）$\times 10^5$ 个 /mL，分多次投喂，隔 4 h 投喂 1 次。

b. 幼虫培育阶段：性腺充分成熟的亲贝可使其自然排放，这样获得的精、卵质量好，受精率与孵化率较高。太平洋牡蛎（*Ostrea gigas Thunberg*）的受精卵经 36 h 左右发育为 D 形幼虫，此时即可选育，并进行分池培育。D 形幼虫分池后的培育密度以 10 个 /mL 为宜。太平洋牡蛎幼虫适宜的饵料主要有等鞭金藻、角毛藻、扁藻等。D 形幼虫选育后就开始投饵。幼虫培育前期，金藻、角毛藻效果较好，扁藻是壳顶期幼虫的良好饵料。幼虫壳长达 110 μm 以上时，就能大量摄食扁藻，生长速度也加快。对 130 μm 以上的幼虫，混合投喂金藻和扁藻，效果更好。投饵量应根据幼虫的摄食情况及不同发育阶段进行调整，适当增减。一般每天的投饵量分 2 ~ 3 次投喂，在换水后投喂。从开口到稚贝，每天的金藻投喂量为（1.0 ~ 6.0）× 10^4 个 /mL，扁藻投喂量为（0.2 ~ 1.0）× 10^4 个 /mL，并根据摄食和消化情况调整。牡蛎的眼点幼虫在变态过程中通常要经历 7 d 左右才能全部固着。投放采苗器后，要增加投饵量，加大水体交换。稚贝培育期间可投喂角毛藻、扁藻、小球藻等，日投饵密度为（8 ~ 12）× 10^4 个 /mL。

③微藻在文蛤人工育苗中的应用。

a. 亲贝的选择与培养阶段：选择个体健壮、性腺丰满、壳长 5 ~ 6 cm 的 3 龄左右文蛤（*Meretrix meretrix*）作亲贝，置于水池中暂养促熟。暂养期间水温控制在 23.0 ~ 24.5℃。投喂等鞭金藻和小球藻等单细胞藻类，隔 2 h 投饵 1 次，每次（1 ~ 2）× 10^4 个 /mL。

b. 幼虫培育阶段：亲贝排放精、卵，精、卵在水中受精。受精卵在水温 27.5 ~ 33.0℃条件下经 12 h 可孵化成 D 形幼虫，24℃则需要 20 h。幼虫培育密度为 5 ~ 8 个 /mL，水温不超过 26℃。投喂等鞭金藻和扁藻等，D 形幼虫期每次投饵量为（1.8 ~ 2.0）× 10^4 个 /mL，日投饵 3 ~ 4 次，随幼虫发育逐渐增加投饵量。

④微藻在毛蚶人工育苗中的应用。

a. 亲贝的选择和培养阶段：在海区毛蚶（*Scapharca subcrenata*）自然繁殖季节，采捕并从中挑选壳长 4 cm 以上、活力好、软体部肥满、贝壳无损伤的成体毛蚶，洗净贝壳外的污物，放入室内水池中进行暂养。饵料以单细胞藻类为主，投饵量为 2×10^4 个 /mL。若单细胞藻类饵料不足，可以投喂一些代用饵料。

b. 幼体培养阶段：可以采取自然排放或诱导产卵。待受精卵下沉后进行洗卵，洗卵次数可为 4 ~ 5 次，直至担轮幼虫上浮为止。培育水温 23 ~ 27℃，采取充气或适当搅动水体的方法避免浮游幼体过分聚集造成粘连，并增加水中的溶解氧含量。当幼体发育至 D 形幼虫期时要及时投饵，饵料种类主要是等鞭金藻、小新月菱形藻、小球藻、角毛藻、扁藻等。开口饵料最好为等鞭金藻，培育前期可适当添加小新月菱形藻和小球藻，后期还可添加角毛藻、扁藻等，几种藻类混合投喂效果优于单一投喂。

⑤微藻在魁蚶人工育苗中的应用。

a. 亲贝的选择与培养阶段：挑选壳长 7 ~ 10 cm、体重 120 ~ 150 g、贝壳无缺损、软体部肥满、活力好的天然魁蚶（*Scapharca broughtonii*）为亲贝，升温阶段日升温 1℃，至 22 ~ 23℃后恒温培育。饵料以单细胞藻类为主，可以投喂一些代用饵料。投饵量应根据水色和亲贝排粪量而定，水色清、粪便少则表明饵料不足，应适当增饵。饵料投喂以少量多次效果较好。

b. 幼虫培育阶段：魁蚶人工育苗大多依靠亲贝的自然排放，有时也可采取阴干 3 ~ 4 h 刺激产卵。在水温 21℃条件下，受精卵经 30 ~ 34 h 可发育为 D 形幼虫，24 ~ 25℃则只需 21 ~ 24 h。当幼体进入 D 形幼虫期时应立即进行选育。选育可使用 300 目筛绢制成的拖网在水体上层拖取，拖选的健壮幼虫移至新的培养池中继续培育。培育前期的幼虫培育密度为 8 ~ 10 个 /m³，后期（眼点幼虫期）应调整为 4 ~ 5 个 /m³。培育密度过大会造成个体参差不齐，增加培养与附苗的难度。饵料以金藻类为主，中后期适当添加一定比例的小新月菱形藻、扁藻、塔胞藻、小球藻等，培育效果要优于单一投喂，投饵量应根据幼虫的胃含物情况而定。

（2）甲壳类种苗：生物饵料的营养丰富，能满足水产经济动物幼体的营养需求。但生物饵料的营养价值常随培养的食物种类而变化，营养不稳定，而且一些生物饵料按照常规的方式培养，作为水产经济动物的饵料，营养也存在缺陷，特别是必需的不饱和脂肪酸（PUFA）营养缺乏，所以必须根据水产经济动物幼体的营养需求，通过筛选，定向培养和强化，获得符合某种水产动物幼体发育阶段营养需要的，营养全面和饵料效果好的生物饵料。

世界虾类产量平均每年增长 5%，这一低增长率主要归因于疾病的发生，对水产养殖业造成了极大的破坏，在我国也是如此。从幼苗生长的第 2 阶段（幼体）开始，藻类即成为必需品；第 3 阶段开始，藻类和浮游植物均为必需品。尽管培育的时间短，幼苗阶段需要有专门的微藻培养设施，该设施由于养殖场的大小和幼苗生长控制水平的不同而不同。幼苗饵料主要由微藻类和甲壳纲卤虫卵，以及市售或当地制造的干燥饲料组成，主要使用的微藻有硅藻（骨条藻、角毛藻）、绿藻（扁藻、小球藻）和金藻（等鞭金藻）。

中小型水产养殖场主要依赖经验。在大型池塘中，微藻水华是由于低换水率和幼苗繁殖引起的，添加肥料和细菌也为藻华形成提供了有利条件。这种生产系统只能从一定程度上控制微藻的生长，但为虾的养殖提供了优越的条件。大型、集约化的水产养殖场趋于专业化生产，特别是后期幼苗的供应多注重技术的应用，尤其是通过基因技术筛选免疫力更强的品种。干制饲料应用广泛，但并不能完全替代微藻类。即使使用干制饲料，微藻培养系统仍要持续运转，以防紧急情况发生。

在清水养殖场中，养殖百万只后期幼苗大约需要培养 3×10^6 个 /mL 的微藻藻液 1 m^3，干重约 60 g。喂养轮虫等浮游动物时，添加微藻有助于稳定和提高次级饵料的质量，清水养殖场生产的微藻量远高于喂养的幼苗所需的数量。在幼苗成长为市售大小（25 g）、存活率为 20% 的情况下，饲喂百万只后期幼苗需要干重 1 kg 的微藻。

水产动物养殖的发展，首先必须解决养殖苗种的稳定提供，苗种提供面临的关键问题之一就是饵料供应。饵料的供应，在自然水域中首选或最基础的就是微藻、卤虫、轮虫、桡足类等生物饵料。

微藻对水产动物幼体发育的直接营养作用尽管因种类不同而有较大差异，但对于鱼虾蟹幼体中那些单独投喂微藻不能维持生长变态的种类，如果将微藻与动物型生物饵料混合投喂，与单独投喂动物性饵料相比，可提高幼体生长率和存活率。特别是海水幼体发育过程中，将微藻和轮虫混合投喂，效果显著好于单独投喂。主要原因除了微藻对海水鱼的直接营养作用之外，更重要的是，微藻能刺激海水鱼虾蟹幼体的食欲，并引发消化过程，诱发摄食活动，进而捕食大规格的饵料；微藻能改善幼体肠道和环境中微生物的群落结构，改变环境中的光照，以利于幼体摄食生物饵料；微藻可通过去除动物代谢产物、释放氧气来改善环境，从而促进生长；同时微藻还可作为动物生物饵料的食物，间接营养幼体。

在鱼虾蟹繁殖过程中，经常会发现即使使用最佳的饵料模式：微藻→轮虫→卤虫无节幼体，也常常会导致育苗失败，主要原因之一是对特定的鱼虾蟹类，无论是微藻、轮虫还是卤虫，营养都会有或多或少的缺陷。这方面的研究大部分集中于生物饵料的脂肪营养缺陷，尤其是 EPA 和 DHA 的营养缺陷，必须进行营养强化才能满足虾蟹类幼体发育的营养需求和变态。枝角类，我国渔民自古以来就称为鱼虫，也俗称红虫，是金鱼等观赏鱼的生物饵料，也是中华绒螯蟹大眼幼体发育到仔蟹三期的最好的生物饵料。淡水池塘发塘后培育的枝角类通常是多刺裸腹溞，另外还有一种枝角类是大型溞，个体较大，最大可达 7 mm，容易大量培养，也是夏花育苗以及淡水虾蟹苗中后期很好的生物饵料。水蚯蚓是环节动物寡毛纲水生种类的总称，也是淡水底栖生物的主要类群之一。

在水产上应用的主要是颤蚓科的几个种类，因其体色鲜红，也被称为红虫。水蚯蚓具有很好的营养价值，也常作为鳗、甲鱼、虾蟹、观赏鱼等高档水产品的重要生物饵料之一。此外，光合细菌、海洋酵母等微生物作为生物饵料在水产经济动物的幼体繁殖过程中也得到了广泛应用，而且它们对水环境的改善、预防水产经济动物幼体疾病也有一定的作用。

（3）鱼类种苗：鱼类多为肉食性动物，而某些淡水鲤和丽鱼科鱼类却是食草甚至是捕食浮游动物的。我国淡水鱼养殖主要采取综合的混养方式，具有不同摄食需求的鲤常常以一定比例混养在一起，从而充分利用系统中的食物资源。肉食性动物的粪便为浮游植物和浮游动物提供营养，反过来，这些浮游植物和浮游动物也被滤食捕食者，如鲢和鳙等充分利用。

对微小活体浮游动物（褶皱臂尾轮虫、圆形臂尾轮虫）的喂养，是养殖场成功喂养海洋小幼鱼苗（如海鲤和比目鱼）的先决条件。这些品种可以用酵母人工饲料喂养，但远不如用微藻类有效。使用微藻的优势表现在 3 个层面：轮虫种群衰竭后能够迅速恢复（使用微藻时为 7 ~ 13 d，酵母为 20 ~ 35 d）；提高活体浮游动物的营养价值；减少细菌特别是弧菌的污染。

对于众多的淡水和海水动物品种，在饲养池塘引入浮游植物可以更好地提高物种存活率、改善生长状况和转化指数。微藻所起到的积极作用，目前普遍认为是：产生氧、稳定 pH 等，水质得到改善。藻类分泌的某些化学成分还可以诱导鱼类捕食行为。此外，还包括调节细菌种群和益生菌的效用、激发免疫力等。

初步估算，100 万条幼鱼需要 60 kg（干重）微藻。与软体动物和虾相比，这一数值更大。这可能是由于鱼类的食物链更为复杂，它包含两个营养水平。以幼鱼到商品鱼的成活率为 30% 计算，单鱼类养殖而言，每年世界小型幼鱼的产量对微藻的需求已达到 5 000 t（干重）。

随着水产养殖的发展，在今后相当长一段时间，生物饵料规模化、稳定性培养技术，饵料的营养强化、新型生物饵料的筛选（主要是通过生物技术手段筛选优良品系）仍然是生物饵料培养的研究方向。藻类是自然界中合成 PUFA 的主要生物，且合成的 PUFA 与鱼油相比，氧化稳定性好，没有腥臭味。因此，今后在微藻培养方面，通过研究藻类中脂肪酸的组成及合成机制，最终选择富含 PUFA 的藻种和藻种品系，以满足经济动物幼体发育和饵料营养强化所需，被公认是替代鱼油生产 EPA 和 DHA 的最有效途径。

（4）其他水产动物种苗（海参等）：国外成参养殖的资料很少，大多数还处于试验阶段。日本早在 20 世纪 30 年代初就做了大量刺参投石养殖试验，现在已具有成熟的刺参规模化育苗技术，每年可生产大量刺参苗种，但主要用于海上放流增殖。印度和印度尼西亚在 20 世纪 90 年代之前对糙海参进行过放流增殖试验，但目前仍未形成较大规模。在越南，有人尝试利用土池、海底网笼、网袋和网箱等方式进行糙海参的单一养殖和虾参混养。在韩国也有人进行了刺参与鲍混养的试验。试验表明，混养体系中，海参与鲍均生长良好。由于海参吞食底泥中的底栖硅藻、小型动物尸体、植物碎片及有机碎屑等，可降低养殖水体中无机氮的累积，有利于净化水质。海参与鲍混养，不仅能提高鲍幼体的存活率和生长率，而且能促进海参生长。

随着海参养殖以及育苗的大规模开展，用于海参育苗及养殖的人工饵料也随之诞生。海参饵料包括可供海参摄食的浮游植物、浮游动物、有机碎屑、底栖硅藻，必须满足海参不同时期生长发育所需的各种营养物质。

海参育苗期间可以使用鲜红海洋红酵母、浓缩单胞藻、浓缩光合细菌，保苗期间一般使用开口饵料、稚参饵料、幼参饵料、鼠尾藻粉、马尾藻粉海浮泥等。

随着海参虾池和浅海养殖规模的不断扩大，海参室内人工育苗也迅速发展。日本于 20 世纪 30 年代率先进行海参的育苗技术研究，并于 20 世纪 80 年代与中国几乎同时建立了刺参人工育苗技术。由于两国的生产工艺流程基本相似，这里主要以国内人工育苗技术为例，介绍具体工艺流程。刺参的育苗一般始于初夏，8 月底结束。目前刺参人工催产获卵方法一般有阴干升温流水刺激法和阴干流水刺激法。受精可在蓄养池或产卵箱内进行，当胚胎发育到小耳幼体时要进行选育，生产中可采用虹吸法或浓缩法进行初耳状幼体的选优。当幼体 20% ~ 30% 发育至樽形幼虫时，即可投放附着基，稚参以附着基上的底栖硅藻为主要饵料，并逐步增加光照强度，使附着基上的底栖硅藻得以繁殖，最后进入分期培育阶段（图 3–2）。

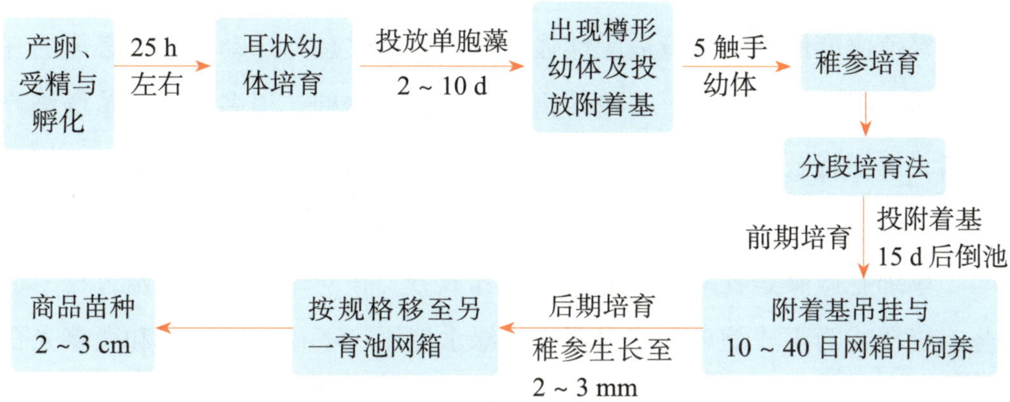

图 3–2　刺参人工育苗技术流程

海参饲料的研究工作始于刺参人工育苗方面的研究，日本开始较早。进入 21 世纪后，刺参市场价格不断上涨，刺激了海参养殖业的进一步发展，隋锡林研制出“0201、0202、0203、0204、0205、0206”等海参系列化配合饲料。目前，海参不同阶段饵料的种类如下：

①海参幼体阶段饲料：主要有单细胞藻类和代用饵料，目前人们在海参育苗中使用的单细胞藻类主要是牟氏角毛藻、小新月菱藻、盐藻和湛江等鞭金藻等。常用代用饵料主要有酵母、大型海藻磨碎液和光合细菌等。

②稚参阶段饲料：主要有底栖硅藻、大型海藻磨碎液、人工配合饲料等。

③幼参阶段饲料：主要有大型海藻磨碎液、人工配合饲料等。另外，由于目前鼠尾藻和马尾藻货源不足、价格很高，不少生产单位采用川蔓藻、石莼等，效果尚可。

④成参阶段饲料：主要是人工配合饲料和大型藻类等，这一阶段主要是根据养殖方法和具体环境条件确定饵料。

2. 用于水产动物养殖

单细胞微藻是海洋初级生产力，而且具有营养丰富、个体微小适口、生长繁殖速度快、对环境适应性强等特点，不仅是海洋动物育苗必需的开口饵料，而且是许多水生养殖动物的优质饵料物种。很多水产养殖场培养或购买单细胞微藻作为水产养殖动物的饵料或重要的饲料添加剂。特别是贝类、珊瑚、海参、海胆养殖，它们主要以微藻为食，进行生长发育。

单细胞微藻是牡蛎育肥的主要营养成分。在对虾和鱼类养殖过程中也普遍培育或购买浓缩单细胞微藻作为绿水使用，不仅起到饵料和微藻光合作用供应氧气的作用，更重要的是为这些水产养殖动物提供遮蔽，避免养殖动物产生应激反应、降低产量、伤害肢体和蜕皮时发生自残行为。

三、用作次级饵料生物（卤虫、轮虫、桡足类、枝角类）的营养强化食物

微藻在水产养殖方面除了作为直接开口饵料外，还可以作为饲喂轮虫、卤虫卵、桡足类、枝角类等的次级饵料，能够明显提高次级饵料生物体内 PUFA 和各种维生素的含量，进而满足水产动物幼体对优质次级饵料的需求。

1. 卤虫

微藻作为单独的生物饵料，很难保证鱼虾蟹幼体发育成功，必须有动物性饵料浮游动物才能实现正常生长发育。卤虫作为海洋甲壳动物幼体的生物饵料，营养价值主要取决于它们的 n−3HUFA 含量，尤其是 EPA 的含量。不同品系的卤虫脂肪酸组成差异很大，但是所有的卤虫品系中几乎没有 DHA，所以必须对卤虫进行营养强化，通过富含 n−3PUFA 的脂肪，如鱼油或特制的强化剂来培育卤虫无节幼体，可提高卤虫的营养价值。卤虫在水产育苗方面的应用主要是卤虫卵的应用，一般卤虫卵在 25 ~ 27℃、盐度为 15 ~ 30 的水中 24 ~ 28 h 可以孵出无节幼体，作为鱼虾类育苗幼体饵料。卤虫成体也具有相当高的营养价值，蛋白质含量在 60% 左右，除含有必需氨基酸（EAA）和 PUFA 外，还含有较多的维生素。一般来说，体长为 400 ~ 500 μm 的卤虫无节幼体在 20 ~ 30 d 内可发育体长约为 1 cm 的成型。在中国渤海湾盐区，每年 5—10 月卤虫生长高峰期，都有成百上千吨的卤虫被采收，直接投喂或冷冻后作为观赏鱼以及虾蟹类育苗后期幼体的饵料。

2. 轮虫

轮虫具有个体微小、容易培养、运动缓慢和营养价值丰富等特点，是淡水鱼、海水鱼和虾蟹类幼体重要的开口饵料。目前，一般采用酵母培养轮虫，但是轮虫培养存在缺陷，特别是高不饱和脂肪酸（PUFA）中二十二碳五烯酸（EPA）和二十二碳六烯酸（DHA）的缺陷，EPA 和 DHA 关系到苗种的存活、生长和发育，通过营养强化，可显著提高轮虫的 HUFA 的含量。在营养强化方面，微藻具有容易培养、适口性好、无污染和多不饱和脂肪酸含量较高等特点，是轮虫优良的饵料。通过微藻的营养强化，可以提高轮虫的营养价值。通过酵母大规模培养轮虫，将轮虫收集，进行 8 ~ 12 h 营养强化，以此来满足水产动物幼体发育的营养需求。

轮虫的蛋白质和脂类含量与微藻有关，贺诗水研究认为，通过采用金藻对褶皱臂尾轮虫进行二次强化，可提高轮虫的脂类含量。陈炜等认为轮虫的脂肪酸组成受饵料影响显著。维生素 C 对轮虫生长有重要作用，轮虫的维生素 C 主要来源于微藻，由于等鞭金藻、微绿球藻和小球藻维生素 C 含量较高，一般用于提高轮虫维生素 C 的含量。赵明日等研究 7 株处于指数生长期末的微藻对褶皱臂尾轮虫脂肪酸组成和含量的影响，结果表明，轮虫中的 DHA 和 EPA 的含量主要取决于微藻中脂肪酸的含量，强化 12 h 后，轮虫的 n−3PUFA 含量为饵料含量的 75%。李磊等研究投喂小球藻、球等鞭金藻和牟氏角毛藻对褶皱臂尾轮虫的脂肪酸含量的影响，结果表明，轮虫强化 12 h 后脂肪酸含量发生了变化，单独投喂和混合投喂均可提高轮虫的 DHA 和 EPA 含量。杜涛等通过采用酵母轮虫、小球藻和螺旋藻强化的轮虫分别对尖吻鲈、卵形鲳鲹和美国红鱼仔鱼进行投喂，测定成活率，结果表明，投喂经过小球藻和螺旋藻粉强化的轮虫，仔鱼成活率高于酵母轮虫组，成活率达到 79.3% ~ 97.3%。陆建明等研究采用微藻和酵母分别强化的轮虫对河蟹溞状幼体变态率和成活率的影响，结果表明，用直链藻和小球藻强化的轮虫，河蟹从溞状幼体阶段到大眼幼体成活率较高，变态时间较短。

目前广泛应用于海水育苗方面的轮虫有褶皱臂尾轮虫和圆形臂尾轮虫两种，它们都是小型的浮游动物，对环境适应性强，能大量培养，具有生长繁殖快、个体大小适中等优点，是鱼类和甲壳动物幼体的重要生物饵料，受到人们的重视。可以说，绝大部分的海水经济鱼类和虾蟹类的成功繁育都在一定程度上归功于轮虫的大量培养，特别是一些经济海水鱼类。

目前轮虫可作为 60 种海水鱼类和 18 种甲壳动物育苗的生物饵料，而且作为海水鱼类幼体开口阶段的生物饵料，至今仍未找到更好的替代性种类。因此，大量培养海水轮虫仍是海水鱼苗及甲壳类幼体培育不可缺少的一环。当前轮虫的大量培养都是在高环境胁迫下进行的（高密度、高饵料投入、高排泄物），所以造成轮虫大量培养的不稳定性。今后，要通过生物技术，进一步筛选出能抗高环境胁迫的轮虫品系。另外，除了目前主要培养的臂尾轮虫的两个种类，还要通过生物技术手段，筛选出超大或超小规格的轮虫，大规格的轮虫可以替代卤虫的应用，小规格的轮虫可以满足一些海水鱼类幼体开口阶段的适口饵料需要。

上述两种重要生物饵料轮虫和卤虫无节幼体几乎不是自然水域中水产经济动物的天然饵料，如褶皱臂尾轮虫主要生活在半咸水域，但不是这些水域的优势种群，在自然海水水域也很少分布，故不可能是海水鱼虾幼体的天然饵料。将它们应用于鱼虾蟹育苗阶段并成功开发，也是大胆创新的结果，奠定了动物性饵料培养学的基础，同时也发展和完善了在鱼虾幼体发育过程中目前被广泛采用和行之有效的生物饵料模式：微藻→轮虫→卤虫无节幼体。

微藻的营养价值在一定程度上决定了轮虫的营养价值，通过基因工程技术，生产高 DHA 含量的微藻，预期能提高轮虫的 DHA 含量。培养方式上，可通过微藻异养的方式大量培养饵料，从而节约成本，并且可持续供给。藻类培养一般采收成本较高，传统的采收方法沉淀、浓缩方法都有一定的局限性，生物絮凝方法由于成本低，具有良好的应用前景。通过对微藻进行浓缩，并冷冻储存，解冻后的微藻对轮虫进行强化投喂，可消除由于季节变化对微藻营养组成的影响，具有很好的应用前景。

饵料微藻在水产人工育苗中具有不可替代的地位，既是贝类、对虾幼体和部分鱼类幼体的直接开口饵料，也是淡、海水浮游动物（轮虫、桡足类、枝角类等）水产养殖次级饵料生物所必需的饵料。但是，微藻细胞体积小（1 ~ 30 μm），密度低，采收比较困难且成本高。据测算，微藻采收成本占整个微藻产业链的 20% ~ 30%，是工业化生产过程的一个限制因素。因此，目前在水产养殖育苗中还是采用自给自足的生产方式，育苗场都配有较大面积的饵料微藻培养车间，提供育苗过程中所需的饵料微藻。

四、饵料微藻保活采收和浓缩技术

目前，饵料微藻保活采收方法主要有离心、过滤、絮凝、气浮法等。但微藻采收受藻细胞自身特征（大小、密度等）的影响，饵料微藻培养的浓度低，细胞易损伤而破裂，且细胞稳定悬浮于培养液中，给提高采收效率带来很大的挑战。因此，研发规模化、低成本的微藻采收技术是亟待解决的“瓶颈”问题之一。目前较为有效的采收方法具体步骤如下：

1. 藻液预处理

微藻是个体小且表面带有负电荷的单细胞光合自养微生物，均匀地分散悬浮在培养液中，形成稳定的分散系，因此难以自然沉降。以目前的微藻培养技术，其在培养液中的浓度较低，在开放式培养系统中，藻密度一般在 1 g/L 以下，即使是在封闭式生物反应器中，最大干重也不超过 30 g/L。藻液的低浓度可能造成过滤滤膜堵塞、离心动力消耗上升、能耗大幅增加、采收成本提高等问题，因此国内外针对微藻的采收，一般都先对藻液进行预处理，然后再进行富集分离。藻液预处理是利用物理或化学方法使微藻表面性质或悬浮液的溶液化学性质发生改变，以利于藻液富集浓缩。

2. 预氧化

微藻预氧化是通过向藻液中添加氧化剂使微藻细胞表面发生变性，从而改变培养液的性质，有利于微藻富集浓缩处理，最常见的处理方法有臭氧预氧化、预氯化和高锰酸钾 / 高铁酸盐预氧化。研究表明，采用预氧化处理藻液时，适当的剂量可促进微藻絮凝，但过量会破坏微藻细胞，导致胞内物质大量释放，反而影响微藻絮凝。但是，硅藻（*Cyclotella*）对采用臭氧预氧化并不能起到促进絮凝的作用。采用预氯化处理对不对称衣藻（*Chamydomonas asymmetrica*）、水生集胞藻（*Synechocystis aquatilis*）和微小平裂藻（*Merismopedia tenuissima*）效果较好，而对厚变浮游角星鼓藻（*Snatatorvar crassum*）和水华微囊藻（*Microcystis flosaquae*）效果较差。

3. 絮凝技术

（1）化学絮凝：化学絮凝是微藻采收预处理中应用较广泛的技术之一，而且十分有效。絮凝物能与培养基有效分离，大幅减小后续处理中藻液的体积，同时絮凝后的絮凝体密度和颗粒增大，因此有利于离心或过滤。微藻细胞表面多带负电荷，絮凝应使用阳离子絮凝剂，常用的阳离子絮凝剂包括金属盐类和高分子聚合物类。铝系金属盐和铁系金属盐是使用最为广泛的两类金属盐类絮凝剂。菲律宾东南渔业开发中心采用 50 mg/L 的硫酸铝为絮凝剂，采收人工培养的硬环角刺藻（*Chaetoceros calcitrans*），将其浓缩为 2.5×10^7 个 /L 的藻浆。高分子聚合物絮凝剂可分为无机高分子絮凝剂和有机高分子絮凝剂两类，目前主流无机高分子絮凝剂有聚合铝盐、聚合铁盐及两者的复合物，其金属离子能强吸附于微藻细胞表面，中和微藻表面的负电荷，消除细胞间的静电排斥，进而达到絮凝的效果，还可以通过吸附架桥作用和网捕作用提高絮凝效果；有机高分子聚合物絮凝剂主要有聚丙烯酰胺、壳聚糖、阳离子淀粉等。研究发现，壳聚糖比金属盐有更好的絮凝效果，100 mg/L 壳聚糖对富油新绿藻（*Neochloris oleoabundans*）的絮凝效率可达 95%。

此外，通过调节培养液的 pH，也可以产生絮凝作用。通过向藻液中加入石灰，提高培养液的 pH，使微藻产生了絮凝沉降，但得到的絮凝体中石灰含量远高于微藻含量。边搅拌边往含有微藻的培养液中加入氨水，使培养液的 pH 处于碱性范围，处理 3 h 后絮凝效率达到 91.2%；还可以将分离出的培养液加热冷却后通入 CO_2，将 pH 调节为酸性，添加 0.1% 的微量元素混合后，可循环用于微藻培养。该方法不但能够实现较好的絮凝效果，而且可以实现氨的循环利用。

（2）物理絮凝：物理絮凝是利用外加电场或超声波等物理方法，打破微藻个体自身的静电平衡，使得微藻细胞相互聚集，达到絮凝效果。Poleman 等利用外加电场方法对 100 L 微藻培养液进行絮凝，处理 35 min 采收效率可以达到 80% ~ 90%。Jiang 等利用铝电极和氢电极电解生成铝离子和氢气微泡，铝离子可以使微藻絮凝，同时产生的氢气微泡可以附着于絮凝体上使其上浮，从而实现微藻的富集。白晓磊等在工艺条件为 pH 9.0、极板电压 13 V、极板间距 5.0 ~ 7.0 cm 的情况下，对海水小球藻（*Chlorella vulgaris*）进行电解絮凝采收实验，采收率可达 80%。太阳能盐桥电絮凝技术由直流电源系统、控制系统和盐桥系统组成，盐桥系统采用含镁离子的电解质，阴电极采用析氢电极网，阳电极采用析氧电极网或析氯电极网，在阳极室内加入合适的电解液，藻池作为阴极室，加入待处理藻液，电流为 150 mA，直流电解 90 min 后，絮凝率可以达到 87.4%。研究表明，超声波可以通过破坏微藻细胞中的微囊泡来促进微藻絮凝沉降，在频率 40 Hz、功率 60 W 的强度下处理 15 s，可使微藻回收率提高 12.4%。采用物理絮凝预处理，不会给藻液带来污染，但效率一般低于化学絮凝，且能耗较高，目前应用并不广泛。

（3）生物絮凝：生物絮凝是利用微生物本身或其代谢产生的黏性物质，通过网捕或键桥等作用使微藻细胞相互聚集的过程。某些细菌和真菌可以诱导微藻絮凝，如真菌可以利用带正电荷的菌丝与带负电荷的微藻细胞通过电中和作用产生絮凝作用；将具有絮凝性状的细菌与颗石藻（*Pleurochrysis carterae*）共培养，24 h 后颗石藻的采收效率超过 90%，浓缩倍数达到 226 倍。也可以将微生物产生的絮凝活性物质提取出来，然后加入微藻培养液中对微藻进行絮凝，如将从芽孢杆菌（*Paenibacillus* sp. AM49）中提取到的絮凝物质添加到小球藻（*Chlorella vulgaris*）培养液中，絮凝效率可达 83%；从土壤芽孢杆菌（*Solibacillus silvestris* W01）中分离得到的絮凝活性物质，对海洋藻微拟球藻（*Nannochloropsis oceanica*）的絮凝效率也超过 80%。在微藻培养过程中，其自身合成的糖苷或多糖等絮凝活性物质分泌到细胞壁上，与周围的微藻细胞相互作用，可以产生微藻的自絮凝现象。研究发现，将具有絮凝特性的微藻培养液以 2 ~ 5 倍体积添加到小球藻（*Chlorella vulgaris*）和富油新绿藻（*Neochloris oleoabundans*）培养液中，絮凝率最高分别达到 41% 和 46%。当絮凝微藻（*Ettlia texensis*）与小球藻比例为 1∶4 时即可得到 40% 的絮凝率，扁藻（*Tetraselmis suecica*）与富油新绿藻比例为 1∶4 时可获得 50% 的絮凝率。

4. 微藻富集与分离技术

（1）沉淀：沉淀是利用重力作用采收微藻的方法，沉降效率主要受絮凝体密度的影响。因此，微藻细胞本身的密度是一个重要的影响因素。藻液中的溶解氧量也是一个影响因素，当藻细胞光合作用产生的氧气量超出藻液的饱和溶解氧量时，会析出气泡并吸附于絮凝体上，从而影响其沉降效率。铜绿微囊藻细胞内含有气泡，导致细胞密度降低，其沉降效率远小于细胞密度大的硅藻。

（2）过滤：过滤是利用压力差的作用，让藻液通过多孔过滤介质，培养液由孔隙流过介质，而微藻被截留下来。微藻细胞大小是影响过滤的主要因素，细胞较大或以群体形式存在的微藻不易堵塞滤膜的孔，而个体较小的微藻却会令滤膜在很短的时间内失效。长期以来，水产养殖中经常采用筛绢网过滤方式采收饵料微藻。随着膜技术的发展，膜过滤技术在微藻采收中逐步得以应用，但是培养液中的微细颗粒、细胞代谢产生的大分子物质、细胞残片、个体较小的微藻等也会引起滤膜堵塞。膜过滤技术只是在小规模微藻采收中应用，在工业化大规模采收中受到成本、效率等制约还难以使用。

（3）离心：离心是利用离心力进行物料分离的方法，目前大部分微藻都可采用离心法采收。采收效率与微藻的沉降特性、藻液浓度、停留时间、沉降深度等有关，在合适的条件下，微藻的采收率可达 95%。当采收率达到 95% 时，处理能耗则每立方米高达 20 kW·h。因此，离心分离效率较高，但运行成本也较高，难以大规模应用。

（4）气浮：气浮是利用颗粒或与颗粒相结合的表面活性剂的疏水性，使之吸附在人工产生的气泡上，并随气泡上升至液面以上形成泡沫层，再将泡沫层与液体分离，从而实现对微藻的采收，其关键在于微气泡的产生。生成微泡的方法有机械成泡法和溶气法等。采用气浮方法采收微藻时，一般在分离前先向藻液中加入絮凝剂，使其絮凝后从气浮装置底部通过气体分配头放出大量微细气泡，气泡在上浮过程中碰到絮凝体则吸附其上，从而减小絮凝体的总体密度，使其上浮到液体表面，再由刮板刮入储槽，从而完成微藻采收。利用分散臭氧气浮法采收斜生栅藻（*Scenedesmus obliquus* FSP-3），采收率可达 95%；利用溶气气浮法采收杜氏盐藻（*Dunaliella salina*），在适宜条件下采收率可达 85%。利用溶气气浮法采收微藻，增加溶气压力、加大回流比、增加溶气时间、延长絮体与气泡接触时间，可提高气浮的采收效率。

综上所述，藻液浓缩有 3 个方法，即生物絮凝、化学絮凝和物理絮凝。利用明矾和氯化铁这两种常用化学絮凝剂对球等鞭金藻、亚心形扁藻和塔胞藻均有很好的絮凝效果，浓度越高絮凝效果越好。较低浓度的明矾、氯化铁有利于絮凝的球等鞭金藻、亚心形扁藻和塔胞藻藻细胞重新恢复生长，但过高浓度的明矾和氯化铁均对球等鞭金藻、亚心形扁藻和塔胞藻藻细胞存在一定的毒害作用。对于球等鞭金藻，明矾、氯化铁的浓度分别为 200 mg/L、60 mg/L 时；对于亚心形扁藻、塔胞藻，控制明矾浓度为 10 mg/L，氯化铁的浓度分别为 20 mg/L、30 mg/L 时，藻细胞均可产生很好的絮凝效果，也不会造成藻细胞裂解或明显的形变，藻细胞可保持很好的存活率及恢复生长的能力。不同种类的化学絮凝试剂对不同藻种的絮凝效果有较大差异，同一种化学絮凝剂，在适宜的浓度范围内，高浓度较低浓度的絮凝效果明显，但浓度越高藻细胞越容易形成大藻团，不利于藻细胞重新游离培养，故絮凝藻细胞时应综合考虑絮凝所用时间及絮凝剂的浓度。

五、饵料微藻浓缩液保藏技术

在水产养殖中，通常直接以鲜藻液投喂养殖动物，因此培养藻的数量和供饵时间都要和育苗密切配合，不能有任何差错，否则很容易由于培养上出现的一些问题，造成饵料供求脱节。目前，面临的问题是大规模培养以后，如果能研制出一套理想的保藏方法，储存一定数量的单胞藻饵料在鲜藻液缺乏时使用，那么就能从根本上解决饵料微藻产量不稳定对育苗生产的影响。在保藏方法中，冷冻保藏（cryopreservation）包括超低温法（液氮法）和低温法，具有保持基因稳定性、降低变异率和实现长期保藏等优点。

1. 超低温液氮法保藏新技术

超低温保藏（cryopreservation）是指在低共熔点（eutecticpoint，−139 ~ −135℃）以下的温度保藏生物材料，通常用液态氮作冷媒。基本原理是：在液氮低温下（−196℃），生物体的物质代谢和生长活动几乎完全停止，可是它们仍处于可逆的成活状态。通过添加一定的抗冻保护剂，防止细胞在降温冰冻过程中严重脱水和低温休克，避免细胞内冰晶的形成。采用适当的冰冻速度，使细胞安全地越过冰晶形成危险区，进入玻璃化状态，以达到长期保藏的目的。所谓玻璃化，是指液体转变为非晶态（玻璃态）的固化过程。玻璃化固体分子之间的关系和液态无明显变化，水分子停止运动，保持原来的无序状态，形成坚硬、均匀的团块结构。玻璃化的细胞不会出现原生质严重脱水，细胞结构完整，解冻后即可恢复生长繁殖能力。

超低温法的研究起步较晚，目前普遍采用两步降温法，即慢速降温进行冷适应，然后投入液氮中保存。影响两步保藏效果的因素除了微藻的种类、年龄和生理状况外，还与预冻温度、预冻时间、降温速度、抗冻保护剂的种类和解冻方法等因素有关。

另外，有报道对硅藻、绿藻、蓝藻、甲藻、红藻、等鞭藻及非绿藻七大藻类进行超低温保藏的研究，发现使用 15% DMSO 作为保护剂时，保藏效果较好的微藻有：硅藻（*Chaetoocers calcitrans*、*Chaetoocers muelleri*、*Chaetoocers* sp.、*Nitzschia ovalis*）、绿藻（*Chlamydomonas coccoides*）、红藻（*Porphyridium purpureum*）、非绿藻（*Tetraselmis chuii*）和蓝藻（*Raphidiopsis* sp.、*Aphanizomenon flos-aquae*）（表 3-5）。

表 3-5 微藻超低温保藏

	藻类	结果	参考文献
金藻	绿色巴夫藻（*Pavlova viridis*） 湛江等鞭金藻（*Isochrysis zhangjianggensis*） 球等鞭金藻 3011（*Isochrysis galbana*）	降温速率 0.7℃ /min，预冻温度和预冻时间分别为 −40℃和 30 min 时，可获得较高的存活率，15% DMSO 和 15% DMSO+10% 蔗糖是良好的抗冻保护剂	王起华等，1996
硅藻	中肋骨条藻（*Skeletonema costatum*）	以甘油为保护剂，体积分数为 10% 时存活率最高（36.80%）；以 DMSO 作保护剂，体积分数为 10% 时，最高存活率为 26.65%；在 10% 甘油和 10% DMSO 混合保护剂中，其存活率为 23.88%	李信书等，2006
	牟氏角刺藻（*Chaetoceros muelleri*） 新月菱形藻（*Nitzschia closterium*）	分别选用 10% 和 15% DMSO 为抗冻保护剂，预冻至 −40℃并保持 30 min 后投入液氮，样品化冻后分别在室温及 0℃采用较慢的稀释速率去除 DMSO，可获得较高的存活率	王起华等，1999
绿藻	微绿球藻（*Nannochloropsis oculata*）	23℃、−40℃、−90℃下，加入 DMSO、甘油、甲醇和比咯氨酸 4 种保护剂，对微绿球藻进行超低温冷冻保藏试验，发现 1.1 mol/L 甘油的效果最好	Poncet and Veron，2003

2. 低温保藏新技术

虽然国内外对水产饵料微藻的超低温保藏进行了多年研究，并取得不少成果，但主要是在液氮中保藏，设备成本高昂，难以满足产业化的需要。蒋敏霞、朱艺峰等对单胞藻的保藏与应用技术进行了初步研究，发现将小球藻和三角褐藻放在 5 ~ 7℃的冰箱中保藏 1 ~ 3 个月，再让其恢复生长时可以获得好于常温下保存的效果。孙建华、王如才对球等鞭金藻的保藏方法进行了研究，浓缩藻液在 1 ~ 4℃的低温下保藏并加入保护剂 SAMs 保藏 3 个月，获得良好的保藏效果，藻细胞中二十碳五烯酸和二十二碳六烯酸的含量变化很小。近 10 年来，许多研究者对水产饵料微藻的低温保藏技术进行了研究（表 3-6）。

表 3-6　微藻低温保藏技术

藻种	研究结果	参考文献
小球藻（*Chlorella* sp.） 球等鞭金藻 3011 （*Isochrysis galbana*）	加入 DMSO 并置于 -30℃的效果最好，小球藻和球等鞭金藻的存活率分别为 95% 和 93%	王培磊等，2001
球等鞭金藻 3011 （*Isochrysis galbana*）	在 0 ~ 10℃的低温下长期（2 个月以上）保藏后，可获得较高的存活率（70% 以上），并且在恢复生长时保持较高的比生长率	阎斌伦等，2005
小新月菱形藻 （*Nitzschia closterium*） 球等鞭金藻 （*Isochrysis galbana*）	浓缩藻液在 1 ~ 4℃的低温下加保护剂 SAMs 保藏 3 个月，效果良好，藻类的 EPA 和 DHA 含量变化较少	曾呈奎等，1998
三角褐指藻 （*Pheaodactylum tricornutum*） 中肋骨条藻 （*Skeletonema costatum*）	三角褐指藻在 0 ~ 10℃的低温下长期（2 个月以上）保藏后的存活率达 70%，中肋骨条藻在 0 ~ 10℃的低温下保藏 60 d 的存活率也可达 70%，并且这 2 种藻在恢复生长时都保持较高的比生长率	朱明等，2003a，2003b

3. 普通低温保藏对饵料微藻浓缩液的影响

球等鞭金藻、亚心形扁藻及塔胞藻浓缩液分别在 4℃、−10℃、−30℃下保存 3 个月，微藻胞内总脂含量变化量很小，几乎可忽略不计；蛋白质、可溶性多糖、叶绿素的含量则具有一定程度的变化且呈现一定的规律，蛋白质、叶绿素含量均呈现出随着保藏温度的降低而减少的趋势，且温度越低减少的幅度越大，可溶性多糖的含量则呈现随着保藏温度的降低先减少后增加的趋势。低温保藏的藻细胞绝大部分情况下能够保持完整的形态，在 4℃、−10℃下细胞能够保持较好的形态，在 −30℃下部分细胞会发生形变及裂解；细胞内叶绿素的自发荧光强度则会因低温保藏出现减弱趋势，温度越低藻细胞发出的荧光越暗，这与微藻胞内叶绿素的含量的变化趋势相一致。

4. 影响微藻低温保藏效果的因素

决定低温保藏效果的因素可分为内部因素（藻细胞年龄、生理状况等）和外部因素（培养温度、营养限制、抗冻保护剂、降温速率、解冻方法等）。

（1）内部因素：单细胞藻类分批培养过程中，细胞生长繁殖表现符合典型的微生物生长曲线。随着培养时间的增加，细胞先进入活跃的分裂期——指数期，然后进入静止期。Morris（1990）对小球藻低温保藏的研究表明，静止期的材料对冻害的敏感性要低于指数期材料，这是因为受许多营养条件及物理因子的限制，细胞生理发生很大变化，如细胞积累脂类、液泡减少、膜脂肪酸组成发生变化等，所以抗冻性增强。Amotz（1989）对三角褐指藻、海洋小球藻（*Chlorella marine*）等 12 种藻低温保藏后，观察到细胞年龄与抗冻性无关。因此，细胞年龄对抗冻性的影响可能与细胞的种类有密切关系，不同的材料应选用不同年龄的细胞。

（2）外部因素：

①培养温度。Morris（1976）发现在亚适温下培养小球藻可提高抗冻性，可能是因为在低温下膜脂肪酸不饱和程度增加或低温下膜脂肪酸总量增加；Hantano（1978，1981）认为这与蔗糖的积累有关。但对有些藻类（如卡德藻 *Tetraselmis*）可能得到相反结果，即亚适培养温度并不能提高抗冻性，甚至会导致抗冻性下降。他们认为培养温度对抗冻性的影响与藻类种类有关。因此，低温刺激对一些藻类可以提高抗冻存活率，但也有一定的局限。

②营养限制。已经证明，通过限制营养盐来降低杜氏盐藻（*Dunaliella tritiolecta*）的生长速度，可增加抗冻性。降低或停止细胞分裂、生长活动，是提高抗冻性的前提条件。对藻类来说，细胞对冻害的敏感程度是和大液泡的存在相联系的。在较低的生长速度下，随着储存脂肪的增加，液泡化程度下降。因此，通过限制营养、降低培养温度、加入代谢抑制剂或采用高渗培养基等措施来降低生长速度，都会导致抗冻性的提高。

③抗冻保护剂。绝大多数藻细胞低温保藏都必须采用抗冻保护剂。抗冻保护剂应具有以下特点：易溶于水，对细胞无毒，容易从组织细胞中清除。抗冻保护剂的作用主要表现在增加膜的透性，加速细胞内的水流到细胞外结冰，稳定细胞膜结构，防止低温伤害，降低冰点，提高溶液的黏滞性，阻止冰晶生长。

保护剂的种类很多，一般可分为胞内保护剂和胞外保护剂两大类。胞内保护剂属渗透型保护剂，如甘油、葡萄糖、二甲基亚砜（DMSO）、丙二醇等，都是小分子化合物。这类保护剂的特点是能很快渗入细胞，避免由于脱水过度而引起死亡。胞外保护剂属于大分子化合物，如聚乙二醇、羟二基淀粉等，它们不能渗入细胞，其作用是增加胞外溶液黏性，减缓细胞脱水速度，从外环境避免细胞脱水过度引起的伤害。此外，单一保护剂各有优缺点，一般混合使用，既能使各种成分的保护作用得到协调发挥，产生累加效应，又能彼此减少甚至消除单一成分的毒害作用。

在藻类的冷冻保藏中最常用的 3 种保护剂是二甲基亚砜、甘油和甲醇。这些渗透性抗冻保护剂是许多化合物良好的溶剂，能与水很好地互溶，并能保持水分，增加溶液的黏性。在冷冻过程中这些特性能有效起到防止细胞脱水、冰晶形成的作用。例如，水中加入的甘油量不同，形成的冰晶结构也不同。随着甘油量的增加，液体黏性增强、热传导加快，针型冰晶越来越钝。同时，甘油有良好的吸水性并能自由通过细胞膜，有利于保持细胞水分，稳定渗透压。

DMSO 是一种双极性有机溶剂，作为低温保护剂能较好地防止细胞低温损伤，能够使膜物质分子重新分布，增加细胞的通透性。在温度降低时，加速细胞内的水流到细胞外结冰，防止细胞内结冰的伤害，减少细胞损伤。DMOS 具有渗透速度快、分布均匀、毒性低、保藏效果好等特点，从而被广泛使用。近年来的研究发现，甲醇有很高的通透性，比 DMSO 明显得多。

甘油通过降低细胞周围溶液中溶质（电解质）的浓度，使细胞内冰晶形成的温度显著降低，不至于使细胞内马上形成冰晶。甘油还可以渗入细胞内降低细胞内外渗透压的差距，降低细胞的皱缩程度。由于甘油在温度低于 0℃时扩散进入细胞较为困难，因此在降温前，需在室温下将材料与冰冻保护混合剂平衡一定的时间。

此外，Xue 等（1995）认为渗透性保护剂本身的毒性限制其使用浓度，浓度过低起不到对细胞保藏作用。因此，这 3 种保护剂的常用浓度为 5% ~ 15%。

④降温速率。降温方法是低温保藏的关键因素之一，只有降温速率适

中，细胞才能适度脱水，既不致形成胞内冰，又不致脱水过度产生容积效应，从而大大提高细胞的存活率。藻类种质的低温保藏方法传统上可分为以下两大类：

一步法：早期的超低温保藏是直接将藻类材料投入液氮中快速冷冻，由于既不使用抗冻保护剂，也不控制降温速度，存活率一般都较低或结果不稳定。Tsuru（1973）对该方法做了改进，在保藏材料中加入了甘油或二甲基亚砜后再投入液氮中保存，此法称为一步冰冻法。目前，一步法只适用于少数藻类保藏，如蛋白核小球藻（*Chlorella pyrenoidosa*）和小新月菱形藻（*Nitzsichia closterium*），在液氮中保藏 24 h 后存活率分别达到 95% 和 75%。

两步法：目前低温保藏大多数采用此法，具体步骤如下：第 1 步，将细胞放在含有保护剂溶液中进行预处理后，用冷冻装置（一般为程序降温仪）将上述细胞连同溶液以较慢速度（一般为 0.1 ~ 10℃ /min）降到一定预冻温度，使细胞达到保护性脱水；第 2 步，投入液氮，快速冷冻。

在慢速降温过程中，细胞外溶液中的水分结冰使溶液浓度升高。若降温过快，则在细胞内形成冰晶，这些胞内冰晶在复温过程中会产生再结晶而使细胞受损伤；若降温速度过慢，则细胞收缩过度，并且处在高浓度中的时间过长也会引起损伤，因此应选择一个最佳的冰冻速率。对于不同的材料，最佳冷冻速率的绝对值具有一定的差异。确定冰晶形成的伤害和溶质浓缩的伤害两者的平衡点，除应确定最佳的降温速率外，还应选择合适的预冻终点温度及在预冻终点温度上保持适当的时间，这样才能进一步保证细胞适当脱水。适当的预冻终点温度一般为 −50 ~ −30℃，在预冻终点温度保持时间一般为 0 ~ 2 h。大量研究结果表明，两步法适用于多种微藻及部分大型藻类的保藏，是 20 世纪 70 年代后普遍采用的方法，目前已成为藻类种质冰冻保藏的常规方法。

⑤解冻方法。与降温过程相反，冷冻后的融冰复温要快速。这是因为在玻璃化状态下保存的材料，如果让其缓慢复温（如放在室温下复温），温度由原来 -196℃上升到玻璃化温度以上，出现所谓的去玻璃化时，溶液仍处在比冰点低得多的过冷状态，过冷溶液将重结晶，并且由于时间足够长，冰晶还会增大到相当大的致害程度。如果是快速复温（如用 37℃水浴复温），在很短时间内使去玻璃化的过冷点很快升温到冰点以上，溶液来不及重结晶，就不会有伤害。一般认为在 35 ~ 40℃水浴中迅速化冻比在室温下慢速化冻要好。但也有例外，Norman 在盐沼藻类试验中发现，37℃水浴复温和室温下复温存活率没有明显的变化。这是因为被冷冻的材料在投入液氮前，缓慢降温到 -60℃下，细胞得到充分脱水，细胞内容物十分浓稠，无论复温速度如何，都不会出现重结晶。尽管如此，快速复温并无害处，仍以快速复温（如 35 ~ 40℃）为好。

（3）微藻低温保藏技术存在的问题：绝大多数细胞低温保藏都必须采用保护剂，不同的细胞要求用不同类型的保护剂，对于浓度的要求也有所不同。这就要求经过一系列对保护剂的种类与浓度的探索，有针对性地解决最佳保护剂及其最适剂量的问题。

低温保藏过程中最适的保藏温度及适宜的降温和解冻速度尚需进一步研究。不同藻类预冻温度、预冻时间对冷冻保藏的存活率影响不同。操作程序复杂、设备要求高，导致保藏成本高。高细胞密度浓缩液与稀悬浮液的保藏效果差别很大，适用于稀悬浮液的保藏方法不一定适用于高密度的浓缩液。因此，必须对海洋微藻浓缩液的低温保藏技术加强研究。

5. 饵料微藻高密度培养技术

微藻作为水产动物的鲜活饵料，营养成分全面，最接近水产动物在自然状态下的摄食要求、可提高水产动物的存活率、降低育苗成本、满足育苗特殊阶段的营养和生长需要。作为活饵料，即使有残饵也不会污染水质，相反还有净化水质的作用。由此可见，在许多人工育苗过程中，水产饵料微藻的地位是无法取代的。

传统饵料微藻的培养系统主要是室外开放式（如圆池、方池、环道等），所不同的只是在混充气、采光方式等方面。虽然这种培养系统具有投资少、成本低、技术简单等优点，但存在产量低、生产不稳定、容易污染等问题。因此，如何实现微藻高密度培养，从而提高效率、降低生产成本、保证质量，是藻类资源开发利用的关键问题。

目前，在水产养殖业中最常用的饵料藻有很多种，主要包括小球藻、卡德藻、等鞭金藻、巴夫藻、褐指藻、角毛藻、微绿球藻、骨条藻和海链藻等，其中海水种居多，淡水种较少。不同的养殖动物需要的饵料藻种类不同，通常是几种藻混合使用效果最佳。饵料微藻富含海水养殖动物所需的脂肪、蛋白质、维生素、多糖、类胡萝卜素等营养物质，广泛应用在水产育苗生产中。目前海水育苗和养殖中常用的饵料微藻藻种主要属于金藻门、硅藻门和绿藻门，在我国较优良的单细胞饵料微藻藻种主要有三角褐指藻、球等鞭金藻、亚心形扁藻、新月菱形藻、湛江叉鞭藻、盐藻、小球藻、中肋骨条藻和异胶藻等，但能进行大规模培养的种不多，有三角褐指藻、球等鞭金藻、亚心形扁藻、新月菱形藻、小球藻等。目前，在育苗生产中，幼体阶段饵料供应不足常有发生，严重时造成水产动物苗种大量死亡，导致极大的经济损失。饵料微藻供应不足，与育苗进度脱节，在生产技术和应用方法上也没有既定标准，造成微藻浓度低、饵料效价低等，在很大程度上制约着海水育苗及养殖业的进一步发展。因此，饵料微藻持续稳定供给是海水动物育苗和养殖的关键环节之一。为获得高浓度的饵料微藻，国内少数科研单位采用混养、异养等培养方式，如清华大学的吴庆余等通过葡萄糖批式流加培养的异养原始小球藻，生物量超过了 100 g/L（粗放式自养培养生物量一般为 1 g/L 左右）；嘉兴泽元生物制品有限责任公司采用独创的“异养-稀释-光诱导”串联培养技术获得高浓度的小球藻，将其包装成浓缩藻源产品，定位于生物饵料进行销售；成都通威水产科技有限公司自主培养的小球藻和裂殖壶藻，通过异养发酵可分别达到 130 g/L 和 160 g/L 的生物量（干重），处于国内外先进水平；美国的 Martek 公司使用发酵罐培养异养微藻，实现了 DHA 成品的生产。饵料微藻的培养主要采用光自养方式，在通常的饵料微藻分级培养过程中，扩种及一级培养使用三角瓶或约 15 L 的塑料桶，二级培养使用吊袋，大规模生产使用大池（可以到 25 000 L）等。目前饵料微藻培养中存在培养装置落后、培养工艺粗放、藻细胞密度低、培养过程不稳定和藻种供应不足等问题，藻种供应不足的问题尤为突出。大池培养要求藻种量较大，而一、二级培养效率较低，生产上饵料微藻藻种供应不上的情况时有发生。因此，饵料微藻培养过程中，一、二级藻种的高密度培养对于饵料微藻的持续稳定供给显得尤为重要。

微藻高密度培养是提高微藻生物质产量和活性代谢产物、发展生物质能源的关键环节。要实现微藻产业健康、快速发展，首要条件就是低成本、高效地获取高密度的微藻细胞原料。经济微藻的藻种筛选是微藻生产的基本环节，来源有野外采集藻种和基因工程藻种。目前经济微藻培养体系主要有开放式和封闭式两种，而微藻培养过程中容易出现细胞密度低、光能利用率差、活性物质产出率低、易受污染、收获困难、成本过高等问题。如何突破这些限制微藻资源开发利用的“瓶颈”，实现微藻高密度培养，一直是国内外微藻生物技术领域研究的焦点。

第三节　微藻在动物饲料生产中的应用

一、微藻在水产饲料生产中的应用

微藻中富含蛋白质、脂肪、多糖、维生素、微量元素等，营养价值可与肉蛋奶类食品相媲美，甚至优于这些食品。微藻蛋白质中的必需氨基酸含量明显优于肉类、鱼类、蛋类和大豆。酵母面包和肝等食品被认为是最优的维生素补充来源，而微藻中维生素的含量与之相当，且远远超过大豆、玉米、鱼粉。微藻中还含有 20 多种微量元素，灰分含量则不到 10%。

某些微藻（如螺旋藻、小球藻）的蛋白质含量非常高，甚至超过 70%，在某种程度上可以成为鱼粉的替代品。研究证明，小球藻和栅藻作为鱼粉的替代品用于罗非鱼饲喂，可替代饲料中 50%的鱼粉，且在此含量下，各个生长阶段的生理指标均显著高于对照组。在牙鲆幼鱼饲料中添加 2%椭圆小球藻，幼鱼的多项生长指标均优于对照组。

微藻中含有多种类胡萝卜素，如 β－胡萝卜素、叶黄素，雨生红球藻中则含有高浓度（1%~4.5%）的虾青素。这些色素可作为色素增强剂用于水产饲料，如雨生红球藻积累的虾青素用于鲑肌肉增色早已得到应用。国内的一些研究已经证实，螺旋藻和小球藻中含有丰富的 β－胡萝卜素、叶黄素等色素物质，能够有效起到增强观赏鱼体色的作用，从而提高观赏鱼的品质。

针对食用类的水产动物，已经有部分饲料企业利用小球藻和螺旋藻生产饲料添加剂。例如，福州格林生物有限公司已有小球藻饲料添加剂产品问世，可用于大黄鱼、对虾等水产动物的饲喂；美国加州 Soley 生物技术研究院将小球藻、螺旋藻和雨生红球藻制成混合藻粉制剂，作为虾类饲料的添加剂。在小鼠等哺乳动物的实验中还证明微藻具有提高产仔质量的功效。

1. 鱼粉替代品

水产动物对饲料中的蛋白质水平要求较高，一般是畜禽的 2 ~ 4 倍，通常占配方的 25% ~ 50%，甚至更多。目前，鱼粉、鱼油在水产饲料中的应用非常广泛。鱼粉含丰富的蛋白质，蛋白质对水产养殖对象的生长发育至关重要，长期以来鱼粉都是水产饲料中不可缺少的优质蛋白源。中国作为全球最大的水产养殖国——水产品养殖产量占全球水产品养殖产量的 2/3 以上，每年需要消耗大量鱼粉，而这些鱼粉，更多的是用海中的野生鱼生产加工而成的。这不仅是对海洋资源的一种严重破坏，而且从环境和经济的角度看，这种对自然资源不断剥夺的做法，最终都将无法持续发展。随着环境污染日益严重和捕捞量的增加，全球鱼粉产量逐年下降，而水产养殖业又抬高了鱼粉的价格，使鱼粉的价格日益升高。因此，我们需要寻找新的可持续的饲料原料的替代品。

目前应用较广的鱼粉替代品有植物性蛋白（大豆粉、大豆饼粕和棉籽饼粕等）、动物性蛋白（蚕蛹、蝇蛆、黄粉虫、卤虫等）和单细胞蛋白等。动物性蛋白源蛋白质含量高、糖含量低、矿物元素与维生素含量高，营养价值一般比植物性蛋白高。相对动物性蛋白源而言，植物性蛋白源价格低廉且来源广泛，是替代鱼粉的理想蛋白源。但是，植物性蛋白源的添加量只有控制在一定范围内时，水产动物的生长率、饲料转化率、蛋白质效率等方面才不会出现差异。当添加量超过该范围时，水产动物的生长率急剧下降，且长期使用植物性蛋白源也会影响养殖动物的风味。这主要是因为植物性蛋白氨基酸平衡性略差于动物性蛋白，且许多抗营养因子在植物性蛋白源中广泛存在。抗营养因子不仅影响水产动物的适口性，而且影响动物的消化酶活性，从而降低蛋白质、氨基酸等营养物质的消化吸收率，消化率的高低将直接影响水产动物对植物蛋白原的利用。另外，有些抗营养因子还可以直接对水产动物产生毒害作用，扰乱其正常的生理功能。

单细胞蛋白是单细胞或具有简单构造的多细胞生物的菌体蛋白的总称，一般包括单细胞藻类、细菌和酵母等微型生物。单细胞藻类蛋白质含量高，营养全面，且易被水产动物吸收。作为单细胞蛋白源的微藻，蛋白质和必需脂肪酸含量丰富，微藻的蛋白质含量达60%~70%，相当于小麦的6倍、猪肉的4倍。目前，用来作鱼粉替代品的主要是微藻中的螺旋藻，其干物质中蛋白质含量为60%~70%，氨基酸平衡性好，维生素、藻蓝素含量丰富，矿物质含量全面、易吸收，不饱和脂肪酸含量比例高，糖类含量适中，还含有藻酸和甘露醇等水产动物所必需的糖类和多种生物活性物质。螺旋藻在蛋白质含量、营养、消化吸收及适口性等方面是目前微藻中最好的蛋白源。

用价格低廉而来源丰富的藻类代替鱼粉是可行的，在水产养殖业应该进行深入研究，扩大应用范围及规模，使其能最大量地代替鱼粉，有效解决鱼粉资源紧缺的问题，促进水产养殖业的发展。

2. 色素增强剂

水产养殖由传统的粗放养殖发展到现代的集约工厂化高密度养殖，需要大量使用人工配合饲料，使鱼虾蟹的养殖周期缩短。但饲料中有效色源少且成分不稳定，导致鱼虾蟹的体色变淡。例如在大黄鱼养殖过程中，大黄鱼的体色已失去了原先的金黄色，体型变得大不如从前，味道也无法与野生的相媲美，难免会影响到商品的价格。另外，观赏鱼的体色也被人们重视。通过在饲料中添加一定的物质，可以弥补上述不足。色素增强剂的使用已经成为现代水产养殖业的重要措施之一。

现在众多水产养殖业采用集约化方式经营。集约化养殖系统鱼虾放养数量多，密度很大，需要考虑两个问题：首先，鱼虾只能得到很少量的自然水生食物，必须从商品饲料中得到几乎所有的营养，而饲料中天然有效色素源少且成分不稳定，导致鱼虾因不能获得充足的类胡萝卜素，体色达不到理想的要求；其次，鱼虾高密度群集，更容易引起应激，而且当传染病发生时疾病传播速度更快。在水产养殖产量显著上升的同时，消费者对动物的体色也开始关注。所以改善养殖水产动物的体色，已经成为目前世界各国水产动物营养学家的一个重要研究课题。

在水产饲料中合理使用色素增强剂，不仅可改善水产动物皮肤和肌肉的颜色，提高观赏价值，还可提高水产品的商品价值，满足消费者的需要。

很多动物性饲料和植物性饲料都有各自不同的天然色素，鱼类摄食后，可使鱼类的肌肉、皮肤以及卵等形成不同颜色。这些颜色对观赏类的水生动物，如金鱼等以及具有较高经济价值的对虾等尤其重要，植物性饲料中所含的色素并不能使其获得理想的颜色。植物类胡萝卜素有叶黄素和玉米黄素，它们主要存在于藻类和黄玉米中。

来源于微藻的类胡萝卜素的种类较多，如玉米黄素、β－胡萝卜素、虾青素、叶黄素、角黄素等。在水产养殖中，微藻中含有的这些色素，能够改善水产动物的体色。在微藻所含有的色素中，虾青素应用最为广泛。虾青素是一种重要的酮类类胡萝卜素，具有着色、改善动物品质和光保护等功能，有很高的商业价值，水产养殖业始终是虾青素最大的市场。在商业化的鱼类和甲壳类动物养殖场，通常在饲料中添加虾青素以补充色素，可极大提高产品的市场价值。产虾青素的藻类主要是小球藻、衣藻和雨生红球藻。

蓝藻和绿藻对鱼虾都具有良好的增色效果，对虾体内虾青素的增加最有效。高脂肪饲料有利于虹鳟鱼体肌肉色素的沉积。用绿藻对裂喉鳟进行投喂试验，研究绿藻对裂喉鳟肌肉色素的影响，经过 4 周投喂后，进行物理测色。结果表明，裂喉鳟肌肉色素增加，但色彩和亮度有所减低。用含 3%螺旋藻的饲料喂养斑节对虾，发现头胸甲中的类胡萝卜素含量增加，但未检测出玉米黄素，螺旋藻中的类胡萝卜素被斑节对虾迅速吸收转化成了虾黄质。螺旋藻含有丰富的蛋白质、必需脂肪酸等生物活性成分，作为增色剂能够增加鱼体光泽，提高鱼类生产力和饲料利用率，改善鱼体皮肤，促进脂质代谢，节约蛋白质。在香鱼饲料中添加 3%~6%的螺旋藻，香鱼体色改善十分明显。在饲料中添加 5%或 10%的螺旋藻粉，对比用沙丁鱼投喂的黄带，83 d 后，投喂螺旋藻的试验组，其皮肤色素含量显著高于对照组，且外观明亮，黄绿带鲜明，体色有明显改善。分别用添加藻粉、β－胡萝卜素和虾青素的饲料喂养日本对虾，结果表明，添加藻粉和虾青素的效果相当，体色最佳。方春林、贺刚等（2013）采用添加加丽素黄、螺旋藻和虾青素的饲料投喂锦鲤，观察增色效果并进行比较。结果表明，饲料中添加螺旋藻能使锦鲤体色发生显著的改变，而且随着投喂量的增加，锦鲤体色越来越鲜艳。试验还发现，螺旋藻和虾青素对锦鲤增色效果好于加丽素黄，这也验证了目前在水产养殖的增色剂中，螺旋藻和虾青素应用广泛。

3. 饲料添加剂

螺旋藻含有丰富的蛋白质、叶绿素、不饱和脂肪酸和微量元素，是迄今为止发现的营养成分丰富、均衡、适合动物和人类需要的营养食品之一。螺旋藻中蛋白质、β－胡萝卜素、维生素 E、维生素 B_{12}、藻蓝蛋白和超氧化物歧化酶的含量在所有生物中是最高的。

小球藻属于绿藻门的单细胞真核生物，已经在地球上生存了 20 多亿年。小球藻除富含蛋白质、不饱和脂肪酸和维生素等营养物质外，近年来科学家在研究小球藻时还发现了其具有其他螺旋藻所不具备的特殊功能成分——小球藻活性生长因子（Chlorella Growth Factor，CGF）。主要成分是短链多肽蛋白与核酸的复合物，含有 17 种游离氨基酸，其中有 9 种为人体必需但只能通过外源补充的功能性氨基酸。CGF 在促进细胞分裂、抗癌、抗辐射、降压和提高动物免疫力方面发挥重要作用。

微藻作为饲料添加剂有以下优点：

（1）营养价值丰富，蛋白含量高达 50%，含有动物体所需的全部必需氨基酸，添加到饲料中可大幅提高营养价值。如螺旋藻、小球藻等是一种潜在饲料蛋白源替代品，同时含有多种营养元素，适用于多种水产养殖对象。刘华忠通过向彭泽鲫的基础日粮中添加螺旋藻来研究其促生长效能，结果表明，加入 2%、4% 两种添加剂量均能显著提高彭泽鲫的生长效能，成活率也有不同程度的提高。

（2）微藻富含的多糖直接参与细胞多种生命过程的调节，具有增强免疫效果。如将螺旋藻多糖、紫球藻多糖应用于水产饲料，有助于提高养殖动物的抗病能力。Sancho 等（2014）研究表明，在饲料中添加 25% 的螺旋藻会增强对虾的免疫力。Watanuki 等（2006）的研究表明，在饲料中添加适量的螺旋藻，可以增强抗病力和免疫力。

（3）微藻含有微量的促生长因子，而且微藻中核酸（包括 DNA 和 RNA）含量较高。水产饲料中添加适量核酸，能起到诱食和促进水产动物生长的效果，可大幅提高动物的生长速度。

（4）微藻可以通过特定的培养，富集各种微量元素，并且将无机微量元素转化为更有利于生物体吸收和利用的有机微量元素。

（5）微藻可以通过培养条件的调节，达到调节营养成分的效果，满足不同饲料对原料成分的需求。

（6）微藻中含有多种抗氧化剂（例如多种类胡萝卜素、维生素）以及一些特殊的植物性化学物质，对水产动物具有一定的功效。

在饲料中添加DHA，结果显示，未添加DHA组星斑川鲽的增重、饵料效率、蛋白质转化率分别为146%、51%和1.04%，添加DHA组分别为422%、132%和2.71%，结果表明，DHA饲料能够有效提高星斑川鲽189%增重、159%饵料效率和161%蛋白质转化率。在斑节对虾的饲料中添加DHA，结果表明，DHA不但能够缩短蜕皮周期，而且提高了152%的增重率和67.86%的存活率。

将中国对虾卵中的DHA含量分别与产卵量和孵化率进行线性回归分析，得到的相关系数分别为：DHA与产卵量$r_1 = 0.691$，与孵化率$r_2 = 0.852$，充分说明DHA对水生动物繁殖性能的重要性。

DHA是细胞膜的重要组成部分，能够影响细胞吞噬能力及呼吸暴发强度，还可以通过控制与免疫相关的酶的活性而增强水生动物机体的免疫能力。研究结果表明，摄食含DHA较高的饲料能够促进鱼体健康、提高抗菌能力、降低发病率。在饲料中添加DHA，还可以提高点带石斑鱼幼鱼T-细胞增殖及白细胞的吞噬作用。

综上所述，水产饲料中添加DHA不仅对水产动物生长有利，也能使水产动物的DHA含量增加，从而使水产品增值，也为今后DHA饲料的广泛应用提供了保障。富含DHA的海洋微藻是水产动物有利的DHA营养补充剂，在水产养殖领域有着极为广阔的应用前景。

二、微藻在畜禽饲料生产中的应用

Austic等（1999）在肉鸡日粮中使用十字脆杆藻亚属脱脂生物质替代7.5%的豆粕，结果表明，试验的前3周降低了体增重和饲料转化率，之后的3周内这些差异没有出现。在同一研究中，肉仔鸡采食含有必需氨基酸的日粮（蛋氨酸、赖氨酸、异亮氨酸、苏氨酸、色氨酸、缬氨酸），并添加7.5%的脱脂生物质，生长性能与对照组没有差异。在另外一项蛋鸡研究中，添加10%的紫球藻属红藻生物质并没有影响体重、产蛋量或蛋重，但是蛋黄胆固醇降低24%。断奶仔猪日粮中高达1/3的豆粕可用节旋藻和小球藻替换。其他研究表明，在断奶仔猪日粮中，用十字脆杆藻亚属的脱脂生物质替代7%的玉米和豆粕，并不会影响它们的整体生长性能或血浆生化指标。

海藻的营养价值高，含有多种矿物元素（钾、钠、镁、碘等），同时维生素含量也十分丰富。海藻的主要饲用价值是其含有多糖、甘露醇、丙烯酸、核苷类、萜类、大环内酯等生物活性物质。在畜禽饲料中添加一定比例的海藻粉，不仅能够改善饲料的营养结构，还能提高畜禽产品的质量。余昌培等（2011）探讨了在日粮中添加海藻粉对绿壳蛋鸡生产性能及蛋品质的影响，采取单因子试验设计，最后得出结论：日粮中添加一定比例的海藻粉可提高绿壳蛋鸡的生产性能和蛋的品质。俄罗斯科学家用含蓝藻的饲料制剂，每天喂肉鸡15 mg，可使日增重提高6.2%，雏鸡成活率提高4.3%。

研究表明，海藻饲料具有增强猪机体的免疫力、抗菌、抗病毒、促生长等功能。海藻粉能显著提高猪的生产性能，王永忠等在断奶仔猪日粮中添加含有海藻粉的复合预混料。结果表明，在育肥猪日粮中配用以野生海藻粉为主的复合预混料，可提高猪的日增重9.4%~11.8%，饲料利用率提高6.6%~7.7%。

第四节　微藻饲料在畜禽养殖中的应用

1946年Moore首次报道，在饲料中添加抗生素，能明显提高肉鸡的日增重。自此，人们对抗生素的研究和应用越来越广泛，先后有60余种抗生素应用于畜牧业，在动物疾病防治、提高饲料利用率、促进畜禽生长等方面发挥了重要作用。但随着抗生素大量使用，特别是不科学地滥用，细菌耐药性和药物残留等问题日益突出，引起世界各国政府及业内人士的高度重视。2006年，欧盟全面禁止了抗生素饲料添加剂的应用。我国是畜禽生产大国，但由于药物残留超标等问题，出口量仅占生产量的0.9%~1.2%。在全球经济一体化的时代，要提高我国畜禽产品的国际竞争力，抗生素安全问题及对策研究已成为畜牧工作者迫在眉睫的研究课题。

化学工业学会和制药工业学会2005年统计数据显示，我国每年抗生素原料生产量约为21万吨，其中有9.7万吨（占年总产量的46.2%）用于畜牧养殖业。美国忧思科学联合会（UCS）估计，约有70%的抗生素及相关药物被用作鸡、猪、肉牛的饲料添加剂。养殖业抗生素的使用情况调查表明，养殖场滥用抗生素现象相当严重。滥用抗生素的现象远比人们想象的要严重，全球每年消耗的抗生素总量中90%被用在食用动物身上，且其中90%都只是为了提高饲料转化率而作为饲料添加剂来使用。某些抗生素具有致畸、致突变和致癌作用，主要通过肉、蛋、奶进入人体，引起病变。

积极开发抗生素添加剂替代品，推广使用绿色饲料添加剂，应加大科研投入，研制和使用对人和动物健康安全、无污染、无残留的抗生素添加剂替代品（如中草药添加剂、微生态制剂等），减少养殖生产中抗生素的使用量，从而规避由于使用抗生素而引起的动物性食品安全风险。畜禽饲喂微藻饲料，可以改善我国畜禽养殖业中普遍存在的滥用药物和药物残留等问题。

螺旋藻能提高鱼类的生长性能，促进生长发育，增强抗病力，提高鱼类的繁殖率和成活率，同时还能提高鱼类的活力。螺旋藻含有丰富的β－胡萝卜素，β－胡萝卜素在动物体内会被转化成虾青素或者斑蝥黄质，具有增色效应。鱼类的观赏价值主要取决于鱼的品种和体色，品种相同时，体色是观赏鱼类市场价值评价的重要标准。鱼类自身不能合成类胡萝卜素，只能从食物中获得，所以需要在饲料中添加各种着色剂来改善鱼的体色，而螺旋藻能有效改善鱼的体色。锦鲤的体色随着饲料中螺旋藻添加量的增加而变得更加艳丽，同时随着螺旋藻的添加，鱼体生长加快，增加了锦鲤的体长和体重，增强了锦鲤的活力。金鱼体内混合色素和叶黄素的含量随着螺旋藻投喂量的增加而增加，体色更鲜艳；金鱼的体重也显著增加，发病率显著下降，生长周期缩短。姜志强等研究发现，饲料的蛋白水平对锦鲤的体色、生长、免疫水平有一定的影响。螺旋藻蛋白含量为60%～70%，是目前已知的蛋白含量最高的可食性动植物体，投喂螺旋藻后鱼体内的类胡萝卜素含量、SOD活力、谷丙转氨酶活力、免疫指标等都明显升高，且有增色效应。

螺旋藻还可用于其他水产类养殖业，如幼鳖饲料中添加螺旋藻对幼鳖生长有显著的促进作用，添加螺旋藻使幼鳖摄食量提高18.6%～23.5%，体重增加，促进幼鳖横向生长，发病率降低，幼鳖腹部颜色加深，更重要的是幼鳖养殖利润提高了18.1%～18.7%。河蟹使用添加螺旋藻的饲料后，育苗时间缩短13%，育苗成活率提高10.6%，而且幼体的色泽和活力均有明显增加。所以河蟹养殖业使用螺旋藻喂食幼体，可以提高产率，缩短生产周期，大大降低成本，具有显著的经济效益。螺旋藻还可以代替鱼粉促进水产类动物生长，提高水产类动物的成活率和体重率，减少鱼粉使用量，降低生产成本。

螺旋藻在畜禽饲料中同样发挥着重要作用。在断奶仔猪日粮中使用螺旋藻添加剂后，仔猪摄食量增加，腹泻率降低，能够促进营养物质的消化吸收，日增重提高，经济收益提高。螺旋藻还可以改善猪肉品质，提高肉猪生产性能。何英俊等研究发现，猪的瘦肉率随着螺旋藻添加量的增加而增加，屠宰率也相应有所提高，相应的脂肪率随着添加量的增加而减少，背膘厚度和骨率不受螺旋藻添加量的影响。

畜禽饲喂微藻饲料，可提高其免疫力等，进而少患病，减少用药。由于微藻的价格很高，其推广受到了很大限制。近年来，随着微藻培养技术的不断进步，微藻培养成本大幅度降低，为微藻在饲料中的应用及发展奠定了良好的基础。21 世纪是生命科学飞速发展的时代，相信微藻作为饲料添加剂一定会给养殖业健康可持续发展带来崭新的面貌。

第五节　展　望

水产养殖业中微藻的其他用途还表现在能够改善水产品品质，采用硅藻提取物进行牡蛎绿化，可使其商品价值提高 40%。也可将牡蛎投放在自然生长或人工培养的硅藻水体中，可以在 30 d 内，在 8 ~ 12℃条件下，使肉含量翻倍，糖原量增加 2 倍，从而大幅提高市场价格。从 19 世纪 70 年代起，挪威就开始关注如何提升鲑鱼肉质的红色。虾青素和角黄素是唯一可以被固定在鲑鱼肉中的色素，每年为使鲑鱼肉变为红色所需的投入达 1.5 亿美元，这一市场还在迅速扩大。如今，虾青素的主要生物供给源是淡水雨生红球藻（虾青素含量可达 5% 干重），其次是红发夫酵母（含量 0.4% 干重）。

全世界水产养殖业对微藻的需求，在 1999 年时就已经达到约 1 000 t 干重，不同养殖品种消费微藻的量是不均等的，软体动物约占 63%、虾占 21%、鱼类占 16%。根据《2011 年中国渔业统计年鉴》提供的 2010 年我国主要海水养殖动物产量及投放苗种数量，微藻总需求量为 1.6 万吨干重。2019 年我国微藻产业（螺旋藻、小球藻为主）总产量约为 1 万吨，还远远不能满足海水养殖业的需求。

一、微藻饵料、饲料开发存在的问题

1. 饵料

微藻饵料是水产养殖动物理想的直接或间接饵料之一，对育苗的水质具有重要的调节作用。同时，藻类是不可多得的蛋白源，可以满足饲料产业的需求。在研究和生产实践中发现，微藻饵料对鱼虾蟹幼体开口阶段的发育，特别是在对虾类育苗从无节幼体变态为溞状幼体时具有重要作用。扁藻、金藻等可维持对虾、蟹类的发育和蜕皮变态；杂色蛤仔浮游幼虫阶段的面盘幼虫阶段优先摄食小球藻；鲍浮游幼体发育生长至稚鲍过程中，通过利用易消化的硅藻细胞内含物可进入快速生长阶段；在玛拉巴石斑鱼育苗中，投喂经过小球藻营养强化 8 h 以上的轮虫，仔鱼的成活率可提高 85.3%~97.3%。

配送模式是企业对配送所采用的基本战略和方法。盈利模式指按照利益相关者划分的企业的收入结构、成本结构以及相应的目标利润。微藻饵料的盈利模式及配送模式则取决于市场需求。市场需求增加，那么企业的盈利就会有所增加，随着盈利的增加，企业对微藻饵料的配送就需要加大力度。此时，物流管理就要跟上步伐，规模化产业是未来企业重要的发展方向。比如第三方物流，它的效率更高，成本更低。如果营销力度不够，则企业的盈利就会有所减少，所以需要企业在宣传营销上加大力度。

微藻饵料培养与应用的研究方兴未艾，对微藻饵料研究已从单纯的实验室研究逐步向产业化生产发展，并已在相关领域取得了一定成果，但要实现产业化，依然存在“瓶颈”。我国育苗企业微藻培养的现状是：每天培养微藻用水约 200 m^3，每年 100 d 左右，合计每年约 2 万米^3；大棚内开放池培养，培养密度一般低于 0.2 g/L，每年实际生产微藻不足 4 t；微藻培养车间每年运营成本约 100 万元；微藻平均成本高于 250 元 /kg。据估计，全国类似规模的育苗企业 1 000 家以上；可用于异养发酵效果好的饵料微藻种类，其生物饵料活体运输成本高、保存难度大等。国内数量繁多的育苗场，近几十万立方米的育苗水体，对微藻饵料的需求将会是一个庞大的市场。随着现代科技突飞猛进，未来在供应稳定、营养价值高、效价好的微藻饵料培养技术方面一定会有突破和创新。

2. 饲料

饲料企业产品同质化渐趋明显，只有差异化产品才能形成竞争优势。微藻的营养功能有很多，但微藻饲料的特色不明显。如果要创新，则必须在饲料产品方面展现出不同于其他企业的特色。饲料是养殖动物的唯一营养来源，饲料质量除了保障养殖动物生长速度和饲料转化率之外，还影响养殖动物的生理。水产饲料对养殖动物生理健康的影响不仅会影响养殖动物疾病的发生，还会影响水产饲料的养殖效果和养殖效益。

鱼粉是水产饲料重要的蛋白源，我国乃至全球的鱼粉供应都面临日趋紧张的局面。近年来，我国黄渤海、东海等海域鳀资源日益匮乏，国产鱼粉产量随之下降，成本日益增长。在这样的背景下，实现鱼粉有效替代和高效利用成为我国水产饲料工业最为关键的一个环节，也是水产饲料生产企业所面临的难题。

尽管以藻类作为饲料原料有助于稳定鱼类的生理状况，但是基于商业成本的考虑，藻粉作为饲料原料的替代品，受到价格的限制。虽然许多种类的大型藻类和微藻类都已经被添加到鱼饲料配方中，但是很少能够确定实现这些有益效果的具体营养因子。微藻替代鱼粉时，对饲料的配制有一定的要求，不同的配制，水生生物的生长性能、鱼体生化成分、肠道消化酶活性、表观消化率都会有所变化。藻粉的有效成分因地域、季节、采集时期及藻粉的种类不同相差很大，再加上目前加工出来的藻粉多为粗制品，因此难以进行准确的功效评价。饲用藻类没有相应的标准，而且藻粉替代量偏大，成本相对较高，不利于在生产上推广使用。

微藻具有显著的营养特点和优点，可以替代鱼粉，而鱼粉无法替代微藻的营养成分，所以其具有巨大的发展空间。但大规模培养微藻的成本现阶段高于常规饲料蛋白源，如大豆、花生饼等，极大地限制了微藻大量应用在水产养殖业。螺旋藻是一种目前研究较多，且已成功应用于水产饲料中的微藻，但是高成本导致其难以在水产饲料中大规模使用，必须采取有效措施降低生产成本。这是限制微藻大规模成熟应用于养殖业的根本问题，只有解决这个问题，微藻才有可能广泛应用于动物饲料。

二、发展策略

微藻饵料生产的现状是培养条件粗放、周期长、效率低；营养不均衡，饵料效价低；藻种繁多，但没有标准化供应；微藻饵料供应不及时、与育苗进度脱节，给养殖场带来巨大的经济损失；育苗成活率低、抗病能力差，使用成本高是目前推广应用的主要“瓶颈”。所以，建立专业化、标准化、集约化、稳定化的微藻饵料生物和供应体系势在必行，但挑战巨大。例如，发展低成本、高产量养殖技术（CO_2、沼气、混养培养）；通过培养条件“定向”诱导，提高活性物质的含量，降低添加量；研发复合配方技术，复合添加其他低成本的海藻、提取物、残渣等；特种养殖（观赏鱼、名贵养殖动物等）的应用。

三、市场展望

国内大部分水产育苗企业，在育苗生产中都是自备微藻养殖设施，自产自用各类微藻饵料。但多数养殖场自备微藻养殖池，养殖设备落后，微藻种质良莠不齐，引种混乱。有些育苗场仍缺乏规模化培养等技术，生产技术和应用方法上也不尽相同，只能利用各自的藻池和天然水体粗放培养，对微藻饵料的品质和纯度等均有影响，常常出现微藻饵料品质混乱、藻液供应不及时等问题。同时，受限于微藻高密度养殖、采收和浓缩液保藏等技术，目前尚缺乏统一、专业化的微藻饵料质量标准。

建立水产微藻饵料藻种鉴别体系，研发高密度微藻培养技术、保活采收和浓缩技术、浓缩液保藏技术、特种饵料开发是当前微藻饵料产业发展的重点。随着健康养殖的理念在水产养殖中日益受到重视，整个水产养殖业正在逐步从单纯提高产量获取效益，转变为提高产品质量（安全与健康、口感、色泽、营养成分等）获取效益。因此，微藻饵料应用在水产养殖中具有重要潜力。

参考文献

陈椒芬，何义潮，谭桂英，等，1985. 两种新分离的海洋金藻及其对贻贝幼虫的饲养效果［J］. 海洋湖沼通报，14（2）：44–66.

陈自强，鹿寿，廖一波，2013. 微藻饵料对双壳贝类幼体生长影响的研究进展［J］. 科技通报，29（7）：46–67.

董云伟，董双林，2005. 不同水温对刺参幼参生长、呼吸及体组成的影响［J］. 中国水产科学，12（1）：33–34.

方春林，贺刚，余智杰，等，2013. 饲料中 3 种增色剂对锦鲤体色的影响［J］. 江苏农业科学，41（5）：226–228.

方希修，王冬梅，袁旭红，2003. 海藻饲料的应用研究［J］. 中国饲料，6：33–34.

房如森，邹勇，2006. 几种新型微生物制剂在水产养殖中的应用［J］. 科学养鱼，2：80.

高桂玲，成家杨，2014. 雨生红球藻和虾青素的研究［J］. 水产学报，38（2）：297–304.

韩玉谦，冯晓梅，2005. 海参皂甙的研究进展［J］. 天然产物研究与开发，17（5）：669–671.

黄鸿洲，康燕玉，梁君荣，等，2007. 五种底栖硅藻（鲍鱼饵料）的脂肪酸组成分析［J］. 植物生理学通讯，43：349–354.

纪志有，彭晓芳，马金余，2010. 富含 DHA 微藻作为新型饲料添加剂在水产养殖业的应用［J］. 饲料广角，19：36–38.

蒋敏霞，朱艺峰，1993. 单胞藻浓缩保藏及应用技术的初步研究［J］. 浙江水产学院学报，2：81–91.

赖素兰, 2015. 三种常用饵料微藻的浓缩保存研究［D］. 福州：福建师范大学.
黎慧，仲霞铭，等，2009. 四种饵料微藻对海水养殖水体 N-P 的去除研究［J］. 环境科学与技术，34（11）：113-117.
李静静, 2011. 可利用微藻在水产饲料行业中的应用探讨［J］. 湖南饲料, 2：29-31.
李凌，2016. 饵料型微藻新品系培育及工程化高效生产技术［J］. 科技资讯，7：161-165.
梁象秋，方纪祖，杨和荃，1997. 水生生物学（形态和分类学）［M］. 北京：中国农业出版社，29-44.
林红华，柯群，卢仡，2011. 微藻的生物活性物质及其功能［J］. 食品工业科技，7：470-473.
刘晃，吴凡，2015. 饵料微藻采收技术研究进展与展望［J］. 渔业现代化，42（3）：33-37.
卢庆萍，1997. 微藻可作为 ω-3 脂肪酸的新来源［J］. 国外畜牧科技，24（2）：25-30.
陆建学，林听听，黄艳青，等，2012. 南极大磷虾粉对褶皱臂尾轮虫生长及脂肪酸组成的影响［J］. 中国水产科学，19（6）：1018-1026.
孟现成，雷剑，2008. 虾青素在鱼类饵料中的应用研究进展［J］. 河北渔业，11：1-3.
苗小丽，2014. 微藻的分离筛选及色素和多糖提取条件研究［D］. 呼和浩特：内蒙古科技大学.
倪学文，2005. 海洋微藻应用研究现状与展望［J］. 海洋渔业，27（3）：251-255.
沈南南，李纯厚，贾晓平，等，2008. 小球藻与芽孢杆菌对对虾养殖水质调控作用的研究［J］. 海洋水产研究，29：48-52.
沈子伟，陈小江，郭建林，2007. 螺旋藻在水产养殖中的应用［J］. 饲料博览，2（3）：43-45.
苏怡，高保燕，张成武，2016. 微藻生物分子在动物和水产养殖饲料中的应用［J］. 养殖与饲料，2：17-25.
孙建华，王如才，1993. 海产单胞藻沉淀方法的研究［J］. 海洋科学，3：9-13.

孙晓庆，董树刚，2006. 生物饵料在水产养殖中的综合应用现状［J］. 齐鲁渔业，23（10）：31–33.

谭树华，周杰良，2002. 轮虫强化培养的研究进展［J］. 水产科技情报，29（5）：200–203.

王国栋，张丽莉，黄世玉，等，2015. 滤食性贝类采收微藻技术［J］. 科学养鱼，31（12）：67–68.

王培磊，宫庆礼，黄海龙，2000. 海洋单胞藻浓缩和保存研究进展［J］. 临沂师范学院学报，22（6）：36–38.

魏东，俞建中，2014. 微藻水产养殖和新型饲料开发中的应用［J］. 前沿科技，4：66–67.

文竹青，高伟，何少华，2006. 藻类吸附法去除废水中的重金属［J］. 江苏环境科技，19（2）：49–51.

吴电云，邹宁，常林，等，2010. 球等鞭金藻（Isochrysis galbanaParke）的培养研究进展及应用前景［J］. 科技信息，33：28–29.

吴吉林，周波，麻明友，彭密军，2010. 微藻色素的研究进展［J］. 食品科学，31（23）：395–400.

徐红蕊，时建青，郭建来，等，2007. 鱼粉替代物在水产养殖业中的最新研究及应用［J］. 湖南饲料，1：9–14.

杨秀霞，于浩，曾晓起，2001. 影响微藻脂肪酸组成因素概述［J］. 海洋湖沼通报，1：76–81.

杨智，2013. 两种海洋饵料微藻的户外培养及低温保藏后浓缩液营养损失评估［D］. 广州：华南理工大学.

于道德，郑永允，官曙光，等，2010. 微藻在海水鱼类苗种培育过程中的作用［J］. 海洋通报，29（2）：235–240.

余昌培，刘镜，刘和，等，2011. 日粮中添加海藻粉对绿壳蛋鸡生产性能及蛋品质的影响［J］. 贵州畜牧兽医，35（2）：5–7.

俞建中，魏东，2013. 微藻在水产动物健康养殖和新型饲料开发中的应用［C］. 第九届世界华人鱼虾营养学术研讨会，82.

俞敏娟，夏宜㻋，黎尚豪，等，1959. 海产单胞藻沉淀方法的研究［J］. 水生生物学集刊，4：482–488.

袁成玉，2005. 海参饲料研究的现状与发展方向［J］. 水产科学，24（12）：54–56.

郑莲，黄翔鹄，刘楚吾，等，2005. 微绿球藻固定化培养及其对对虾养殖水质调控［J］. 海洋科学，29（6）：4–8.

周海涛，高士香，贾小丽，等，2008. 新概念高效微藻生产工艺技术［J］. 河北渔业，5：48–50.

周兴华，向枭，陈建，2002. 水产饲料中鱼粉的替代物［J］. 中国饲料，18：24–26.

周兴华，向枭，陈建，2002. 鱼粉替代物在水产饲料中的应用［J］. 中国饲料，4：23–25.

查荣博，张辉，孙佳明，2015. 微藻的有效成分及生物活性［J］. 吉林中医药，35（1）：64–67.

A Ben Amotz A, 1989. Avron M, The biotechnology of mass culturing Dunaliella for products of commercial interest［A］. In: Cyanobacterial Biotechnology, Longman: Scientific and Technical Press, 91–114.

Austic, Fernandez Fga, Camacho F G, et al., 1999. Photobioreactors: light regime, mass transfer, and scaleup［J］. Journal of Biotechnology, 70(1 –3): 231–247.

Chauton M S, Reitan K I, Norsker N H, et al., 2015. A techno–economic analysis of industrial production of marine microalgae as a source of EPA and DHA–rich raw material for aquafeed: Research challenges and possibilities［J］. Aquaculture, 436: 95–103.

Gladue R M, 1991. Heterotrophic microalgae prodution: poten–tial for application to aquaculture feeds［C］// Rotifer and Microalgae culture systems. Honolulu: Proceedings of a US–Asia workshop, 28–31, 275–286.

Hantano S J, Kabata K and Sadakane H, 1981. Transition of lipid synthesis from chloroplasts to a cytoplasmic system during hardening in chlorella ellipsoidea［J］. Plant Physiol, 67: 216–220.

Hantano S J, 1978. Studies on frost in chlorella ellipsoidea: effects of antimetabolites, surfactants, hormones, and sugars on the hardening process in the light and dark［A］.

Li P. H. and Sakai A. In Plant Cold Hardiness and freezing Stress. New York: Academic Press, 175−196.

Morris G J, 1976. The cryopreservation of Chlorella, II, Effect of growth temoerature on freezing tolerance [J]. Arch Microbiol, 107: 309−312.

Muller−Feugaa, 2000. The roleof microalgae in aquaculture: situation and trends [J]. J Appl Phycol, 12(3−5): 527−534.

Sommer T R, Potts W T, Morrissy N M, 1990. Recent progress in the use of processed microalgae in aquaculture [J]. Hydrobiologia, 435−443.

Tsuji K, Watanuki T, Kondo F, et a1., 1997. Stability Microcystinsfrom cyanobacteria−iv. Effect of chlorination on decomposition [J]. Toxicon, 35(7): 1033−1041.

Tsuru S, 1973. Preservation of marine and freshwater algae by means of freezing and freeze−drying [J]. Cryobiology, 10: 445−452.

第四章 常用藻类培养基配方

常用藻类培养基配方见表 4-1~ 表 4-9。

表 4-1 BG11 培养基

	药品	母液成分（g/L）	每升工作液加母液	200 mL 工作液加母液
A 液（*50）	$NaNO_3$	75.00	20 mL	4 mL
	K_2HPO_4	2.00		
	$MSO_4 \cdot 7H_2O$	3.75		
	$CaCl_2 \cdot 2H_2O$	1.80		
	柠檬酸	0.30		
	柠檬酸铁胺	0.30		
	EDTA-Na_2	0.05		
	Na_2CO_3	1.00		
B 液（*1 000）	H_3BO_3	2.86	1 mL	200 μL
	$MnCl_2 \cdot 4H_2O$	1.86		
	$ZnSO_4 \cdot 7H_2O$	0.22		
	$Na_2MoO_4 \cdot 2H_2O$	0.39		
	$CuSO_4 \cdot 5H_2O$	0.08		
	$Co(NO_3)_2 \cdot 6H_2O$	0.05		

注：适用于 #9、#31、蛋白核小球藻及红球藻；pH 调至 7.1。

BG11（Blue green 11）培养基是使用最为广泛的藻类培养基之一，由11号培养基进一步优化而来，富含氮、磷元素和微量元素。BG11通常被用作各种淡水和海洋微藻的生长培养基，但更适合淡水微藻的培养，主要包括蓝藻（集胞菜、聚球藻以及鱼腥藻等）和绿藻（小球藻和红球藻等）中的一些物种。除了BG11外，其他一些藻类培养基，如BBM（Bold’s Basal Medium）培养基、SM（salt mixture）培养基、MCM（modified Cramer-Myers medium）培养基、f/2培养基以及硅藻培养基等也被开发并用于淡水或海洋微藻的培养。这些培养基中的一些组成成分也可以在BG11中找到，并通过进一步优化以适应于培养不同的微菜，例如，SM和BBM适用于雨生红球藻。

表 4-2　SM 培养基

	药品	母液成分（g/L）	每升工作液加母液	200 mL 工作液加母液
A 液（*10）	无水醋酸钠	12.06	100 mL	20 mL
	$NaH_2PO_4 \cdot H_2O$	36.70		
	NH_4NO_3	3.00		
	$CaCl_2 \cdot 2H_2O$	0.50		
	$FeCl_3 \cdot 6H_2O$	0.10		
	柠檬酸钠 · $2H_2O$	5.00		
	$K_2HPO_4 \cdot 3H_2O$	11.50		
	$MSO_4 \cdot 7H_2O$	3.00		
B 液	H_3BO_3	1.00	10 mL	2 mL
	$ZnSO_4 \cdot 7H_2O$	1.00		
	$MnSO_4 \cdot 4H_2O$	0.40		
	$CoCl \cdot 6H_2O$	0.20		
	$Na_2MoO_4 \cdot 2H_2O$	0.20		
	$CuSO_4 \cdot 5H_2O$	0.06		

注：适用于雨生红球藻；pH 调至 6.8 ~ 7.1。

表 4-3　BBM 培养基

	药品	母液成分（g/L）	每升工作液加母液	200 mL 工作液加母液
A 液（*100）	$NaNO_3$	24.60	10 mL	2 mL
	$MSO_4 \cdot 7H_2O$	7.40		
	NaCl	2.50		
	K_2HPO_4	9.80		
	KH_2PO_4	17.50		
	$CaCl_2 \cdot 2H_2O$	2.50		
	H_3BO_3	1.10		
	EDTA−Na_2	6.30		
	KOH	3.10		
B 液（*1 000）	$FeSO_4 \cdot 7H_2O$	5.00	1 mL	200 uL
	$ZnSO_4 \cdot 7H_2O$	8.80		
	$MnCl_2 \cdot 4H_2O$	1.44		
	钼酸	0.79		
	$CuSO_4 \cdot 5H_2O$	1.57		
	$Co(NO_3)_2 \cdot 6H_2O$	0.49		

注：适用于雨生红球藻；pH 调至 6.8 ~ 7.1。

表 4-4　盐藻培养基（f/2）(1)

	药品	母液成分（g/L）	每升工作液加母液	200 mL 工作液加母液
A 液	$NaNO_3$	75.00	1 mL	200 uL
	$NaH_2PO_4 \cdot H_2O$	5.00		
	$Na_2SiO_3 \cdot 9H_2O$	20.00		
	EDTA$-Na_2$	4.36		
	$FeCl_3 \cdot 6H_2O$	3.16		
B 液	$CuSO_4 \cdot 5H_2O$	0.01	1 mL	200 uL
	$ZnSO_4 \cdot 7H_2O$	0.023		
	$CaCl_2 \cdot 6H_2O$	0.012		
	$MnCl_2 \cdot 4H_2O$	0.18		
	$Na_2MoO_4 \cdot 2H_2O$	0.07		
C 液	维生素 B1	0.10	1 mL	200 uL
	维生素 B12	0.50		
	生物素	0.50		

注：工作液中加 35 mL 海水精 + 10 mL NaCl，pH 调至 7.3。

表 4-5　盐藻培养基（2）

	药品	母液成分（g/L）	每升工作液加母液	200 mL 工作液加母液
A 液	KNO_3	20.00	10 mL	2 mL
	KH_2PO_4	2.70		
	$NaHCO_3$	150.00		
B 液	EDTA−Na_2	1.89	1 mL	200 uL
	$FeCl_3$	2.44		
C 液	$ZnCl_2$	0.041	100 uL	20 uL
	H_3BO_3	0.10		
	$CaCl_2 \cdot 6H_2O$	0.51		
	$CuSO_4 \cdot 5H_2O$	0.60		
	$MnCl_2 \cdot 4H_2O$	0.41		
	$(NH_4)6Mo_7O_{24} \cdot 4H_2O$	3.80		

注：每升工作液中预先加入 100 mL NaCl。

表 4-6　硅藻、淡水螺旋藻培养基

	药品	母液成分（g/L）	每升工作液加母液	200 mL 工作液加母液
A 液	Na_2CO_3	160.00	100 mL	20 mL
	$NaNO_3$	25.00		
	K_2HPO_4	5.00		
	NaCl	10.00		
	K_2SO_4	10.00		
B 液	MSO_4	20.00	10 mL	2 mL
C 液	$CaCl_2$	4.00	10 mL	2 mL
D 液	$FeSO_4$	1.00	10 mL	2 mL
	EDTA-Na_2	8.00		

注：海水螺旋藻可用淡水螺旋藻培养基浓度的 1/2，pH 调至 8.5～10.5。

表 4-7　紫球藻培养基

	药品	母液成分（g/L）	每升工作液加母液	200 mL 工作液加母液
A 液	$NaNO_3$	34.00	10 mL	2mL
B 液	K_2HPO_4	52.00	各加 1 mL	各加 200 uL
C 液	$FeCl_3$	2.44		
D 液	EDTA−Na_2	1.89		
E 液	$NaHCO_3$	1.00		
F 液	H_3BO_3	0.0 061	100 uL	20 uL
	$ZnCl_2$	0.41		
	$(NH_4)6Mo_7O_{24}\cdot4H_2O$	0.0 038		
	$CuSO_4\cdot5H_2O$	0.60		
	$MnCl_2\cdot4H_2O$	0.41		

注：母液 pH 调至 7.2 ~ 7.4。

表 4-8　海水小球藻培养基（f/2）

	药品	母液成分（g/L）	每升工作液加母液	200 mL 工作液加母液
A 液	$NaNO_3$	75.00	各加 1mL	各加 200 uL
B 液	$NaH_2PO_4 \cdot H_2O$	5.00		
C 液	$Na_2SiO_3 \cdot 9H_2O$	20.00		
D 液	EDTA−Na_2	4.36		
E 液	$FeCl_3 \cdot 6H_2O$	3.16		
F 液	$CuSO_4 \cdot 5H_2O$	0.01	各加 1 mL	各加 200 uL
	$ZnSO_4 \cdot 7H_2O$	0.023		
	$CaCl_2 \cdot 6H_2O$	0.012		
	$MnCl_2 \cdot 4H_2O$	0.18		
	$Na_2MoO_4 \cdot 2H_2O$	0.07		
G 液	维生素 B_1	0.10	各加 1 mL	各加 200 uL
	维生素 B_{12}	0.50		
	生物素	0.50		

注：工作液中加 35 mL 海水精（pH 调至 7.5）。

表 4-9 MCM 培养基

	药品	母液成分（g/L）	每升工作液加母液	200 mL 工作液加母液
A 液	KNO_3	200.00	各加 1 mL	各加 200 uL
B 液	KH_2PO_4	20.00		
C 液	$MSO_4 \cdot 7H_2O$	100.00		
D 液	$CaCl_2 \cdot 6H_2O$	80.00		
E 液	EDTA−Na_2	0.198	100 uL	20 uL
	$FeCl_3 \cdot 6H_2O$	0.244		
F 液	$ZnCl_2$	0.041	100 uL	20 uL
	H_3BO_3	0.61		
	$CoCl_2 \cdot 6H_2O$	0.051		
	$CuSO_4 \cdot 5H_2O$	0.06		
	$MnCl_2 \cdot 6H_2O$	0.041		
	$(NH_4)6Mo_7O_{24} \cdot 4H_2O$	0.38		

注：适用于布朗葡萄藻、雨生红球藻；母液 pH 调至 7.0。

参考文献

Chen L, Zhu T, Fernandez JSM, et al., 2017. Recycling nutrients from a sequential hydrothermal liquefaction process for microalgae culture [J]. Algal research, 27: 311−317.

Gramegna G, Scortica A, Scafati V, et al., 2020. Exploring the potential of microalgae in the recycling of dairy wastes [J]. Bioresource Technology Reports, 12: 100604.

Ilavarasi A, Mubarakali D, Praveenkumar R, et al., 2011. Optimization of various growth media to freshwater microalgae for biomass production [J]. Biotechnology, 10(6): 540−545.

Pandey S, Narayanan I, Vinayagam R, et al., 2023. A review on the effect of blue green 11 medium and its constituents on microalgal growth and lipid production [J]. Journal of Environmental Chemical Engineering, 11(3): 109984.

Reza AHMM, Zhou Y, Tavakoli J, et al., 2021. Understanding the lipid production mechanism in *Euglena gracilis* with a fast−response AIEgen bioprobe, DPAS [J]. Materials Chemistry Frontiers, 5(1): 268−283.

Touloupakis E, Zittelli GC, Benavides AMS, et al., 2023. Growth and photosynthetic performance of *Nostoc linckia* (formerly *N. calcicola*) cells grown in BG11 and $BG11_0$ media [J]. Photochemical & Photobiological Sciences, 22(4): 795−807.

Vishwakarma R, Dhar D W, Saxena, 2019. Influence of nutrient formulations on growth, lipid yield, carbon partitioning and biodiesel quality potential of *Botryococcus* sp. and *Chlorella* sp. [J]. Environmental Science and Pollution Research, 26: 7589−7600.

Zheng G, Wang Y, Wang Z, et al., 2013. An integrated microfluidic device in marine microalgae culture for toxicity screening application [J]. Marine Pollution Bulletin, 72(1): 231−243.

第五章 产业化微藻光生物反应器

微藻光生物反应器（photobioreactor）是实现微藻细胞生物培养、生产和代谢物质合成反应过程的设备。微藻光生物反应器主要是为微藻细胞生长、繁殖或合成代谢产物提供一个适宜的环境条件，以利生产。

常用的微藻光生物反应器可以分为两大类：一类是开放式光生物反应器，主要应用于极端条件下的微藻大规模生产、污水处理、净化空气等，形状主要是圆形、长方跑道池形；另一类是封闭式光生物反应器，既应用于工业生产，又广泛应用于科研与教学工作，形状有筒形、塔形、α形、管道式、平板状等。所用材料有塑料、玻璃、有机玻璃等，多为透明制材。

比较封闭式光生物反应器比开放式培养系统有以下优点：

（1）培养密度高，光能利用率和产量显著提高；

（2）培养条件易控制，有利于长期培养和半连续培养；

（3）可以有效避免其他生物侵染，甚至可以实现纯培养；

（4）可以避免自然环境条件的限制，不受地域、气候的影响，生产范围广，时间长；

（5）适合于所有微藻和光合细菌的培养。

工业化大规模封闭式光生物反应器可以广泛地应用于太空医学、太空农业、太空生命维持系统、植物细胞大规模培养、生物活性物质的开发与生产、可持续利用能源生产、单细胞蛋白的生产、海洋生物制药、工业污水处理、天然食品色素生产，生产的产品可以用作水产育苗饵料、水产养殖水质净化剂、禽畜饲料添加剂、禽畜抗病生物菌剂、生物菌肥、保健食品、天然食品色素、化妆品、生物能源等。

在工业上实用的微藻生物反应器采用比较普遍的类型有：

（1）机械搅拌通气式反应器，主要用于微藻的异养培养或混合培养；

（2）气升导流式生物反应器；

（3）管状生物反应器；

（4）平板式光生物反应器；

（5）柱状光生物反应器；

（6）固定化生物反应器，包括固定床反应器、流化床反应器等；

（7）开放式跑道池反应器。

第一节　机械搅拌通气式反应器

机械搅拌通气式反应器是微生物工程工业最常用的反应器类型之一。反应器内同时设有机械搅拌装置和通气装置。它是利用机械搅拌器的作用，使细胞与培养基营养成分充分接触；形成更复杂的湍流效果，保证微藻在异养、混养，甚至自养生长模式下，都能得到最快的生长繁殖、最大的产量和最佳的代谢产物积累所需的条件。在反应器的高径之比较大时，可以安装多层搅拌器；较小时可以安装较多的挡板，以进一步增加湍流效果（图 5-1）。

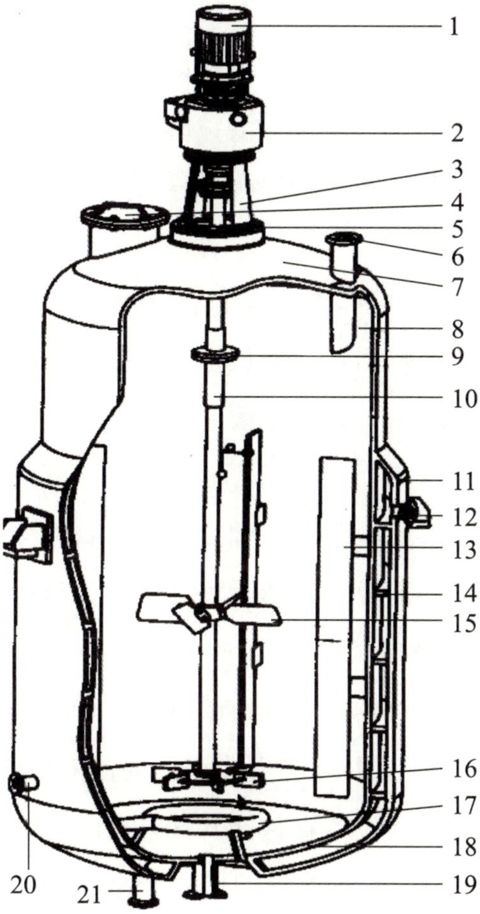

1—电动机；
2—减速机；
3—机架；
4—人孔；
5—密封装置；
6—进料口；
7—上封头；
8—筒体；
9—联轴器；
10—搅拌轴；
11—夹套；
12—载热介质出口；
13—挡板；
14—螺旋导流板；
15—轴向流搅拌器；
16—径向流搅拌器；
17—气体分布器；
18—下封头；
19—出料口；
20—载热介质进口；
21—气体进口

图 5-1　机械搅拌通气式光生物反应器结构示意图

机械搅拌通气式反应器是借搅拌涡轮输入混合以及相际传质所需动力。这种反应器的适用性最强，能根据实际微藻的需要和培养基的性质，提供适宜的传质速率和必要的混合速度，产品产量与收率高。这类反应器的缺点是机械搅拌器所需的驱动功率较高，能耗较大，一般 3 kW/m^3 左右。

机械搅拌通气式反应器在反应过程中，能够提供最充分的传质效果。内部基本结构是：高度和直径之比为 2 ~ 4，罐体顶部或底部安装有连接电动机并向罐内延伸的中央搅拌轴，中央搅拌轴上装有数组搅拌器（常用的搅拌器带有圆盘和 6 个矩形平叶、弯叶或箭叶桨叶，桨叶外径约为罐径的 1/3），罐底装有气体分布器（也有的用单孔管）。机械搅拌的作用可使从底部进入罐内的无菌空气很好地获得破碎和分布，以增加罐内微藻细胞与营养物质的接触，有助于物质交换。

机械搅拌通气式反应器整体结构部件主要包括罐体、搅拌器、电动机、轴封、消泡器中间轴承，空气喷射器、挡板、热交换装置、人孔、采收管、各种传感器、监控仪、蠕动泵、蒸汽灭菌系统、气泵和气体无菌过滤系统等。

（1）罐体：由圆柱体及椭圆形或碟形封头焊接而成，材料多用碳钢或不锈钢。根据生产工艺要求，罐体需要能够承受一定压力，至少应该能够承受在位灭菌所需要的压力（0.25 MPa）。

（2）搅拌器和挡板：涡轮式搅拌器的叶片有平叶式、弯叶式、箭叶式等多种形式。挡板的作用是防止液面中央产生旋涡，促使液体激烈翻动，增大湍流，提高溶氧。挡板宽度为反应器直径的 0.10 ~ 0.12 倍。挡板数量根据反应器罐体周长而定，一般 4 ~ 6 块挡板即可达到全挡板条件。全挡板条件是指在一定转速下，再增加罐内挡板数量或挡板宽度，轴功率仍保持不变。

机械搅拌通气式反应器的维护与保养工作主要包括：

①如果进气管与出水管接头漏气，旋紧接头又没有效果时，应添加或更换填料。

②压力表与安全阀要定期检查，如有故障应及时调换或修理。

③清洗反应器时，要用软毛刷，不要用硬器刮擦，以免损伤反应器表面。

④配套仪表应每年校验一次，以确保功能正常。

⑤电器、仪表、传感器等电气设备严禁直接与水、气接触，防止受潮。

⑥每次发酵完成时，应及时将反应器及其配套系统清洗干净，排尽反应器及各管道中的余水；洗净各传感器表面粘附的发酵液；松开反应器罐盖及手孔螺丝，防止密封圈产生永久变形。

⑦操作平台、恒温水箱等碳钢设备应一年一次定期刷油漆，防止锈蚀。

⑧经常检查减速器油位，如润滑油不够，需及时添加。

⑨定期更换减速器润滑油，以延长设备使用寿命。

⑩如果反应器暂时不用，则需排尽罐内及管道内的余水，并对反应器进行空消。

机械搅拌通气式反应器近几年取得了一些新的技术成果，包括：放大规模进一步提高；可对不同形状微生物细胞及培养基物料进行轻微抖动，按一定角度往复转动及正反转圆周转动进行梳理式搅拌，既不破坏丝状微藻的生长，又可使藻丝互不粘连（图 5-2、图 5-3）。

图 5-2　机械搅拌通气式反应器（1）

图 5-3　机械搅拌通气式反应器（2）

第二节　气升导流式生物反应器

气升导流式生物反应器是 20 世纪 70 年代，在传统的鼓泡塔式生物反应器的基础上发展起来的一种新型反应器。按结构分内环流和外环流反应器两种形式。原理是采用空气上升带动培养液在反应器内或外形成环流，达到混合目的。内部无搅拌装置，是在传统的无筛板鼓泡塔式反应器中加入导流筒构成的。当气体通过气体分布器进入中央导流筒后，在浮力作用下，向上运动过程中带动导流筒内培养液向上运动，导流筒外部的培养液通过导流筒底部进入导流筒补充向上运动的液体的位置，导流筒顶部的培养液则补充到导流筒外，从而形成环流式混合。

此类反应器结构简单，不像其他生物反应器那样具有许多泄漏点和死角等，而且比其他生物反应器具有更强的抗杂菌侵染的能力，流动性也更为均匀；能耗也更低，与机械搅拌通气式反应器相比，能耗低 30% 左右，制造成本低 30% 以上。另外，由于以气体作混合与传质的动力，气液能量传递在瞬间完成，对细胞特别是对剪切力敏感的丝状微生物细胞的剪切伤害远远小于机械搅拌反应器（图 5–4）。

图 5–4　气升导流式玻璃光生物反应器

第三节　管状生物反应器

一种长度与直径之比很大，呈管状的生物反应器，为管状生物反应器。培养液在管道中依次连续流动。这种反应器长度可达数千米，直径由 3 cm 至 30 cm 不等。反应器的结构可以是单管，也可以是多管并联。通常，反应物流处于湍流状态时，空管的长径比大于 50；填充段长与粒径之比大于 100（气体）或 200（液体），物料的流动可近似地视为平推流（图 5-5）。

图 5-5　管状生物反应器

管状生物反应器返混小，因而容积效率（单位容积生产能力）高，对要求转化率较高或有串联副反应的场合尤为适用。此外，管状生物反应器可实现分段温度控制。主要缺点是，反应速率很低时所需管道过长。

第四节　平板式光生物反应器

这是一类平板状玻璃、有机玻璃或塑料质透明材料制成的平板状微藻光生物反应器。根据培养的藻类不同、对光强的要求不同，厚度一般在1～20 cm。竖放或向光斜坡放置于地面或支架上。形成湍流的方式有气升、泵流加微珠等多种方式（图5−6、图5−7）。

图5−6　平板式光生物反应器（1）

图 5-7　平板式光生物反应器（2）

第五节　柱状光生物反应器

这是一类圆柱状玻璃、有机玻璃、塑料质材料制成的透明桶形光生物反应器。直径依培养的微藻种类不同和应用目的的不同而不同，有几厘米的，也有二三十厘米的。促进细胞与培养基混合接触反应，以及提高光合作用效率的湍流动力主要来源于二氧化碳和 / 或过滤空气的气升作用（图 5-8、图 5-9）。

图 5-8　柱状桶形微藻生物反应器

图 5-9　柱状光生物反应器

第六节　固定化生物反应器

细胞固定化培养技术（immobilization technique）是通过化学或物理方法将微藻细胞，特别是底栖微藻细胞与合适的载体以某种方式结合在一起，然后用其生产某种产品的技术。采用固定化技术进行生产所用的反应器称固定化反应器。目前最常用的固定化生物反应器有固定床生物反应器、流化床生物反应器和固定化膜生物反应器。下面分别介绍固定床和流化床生物反应器（图 5-10、图 5-11）。

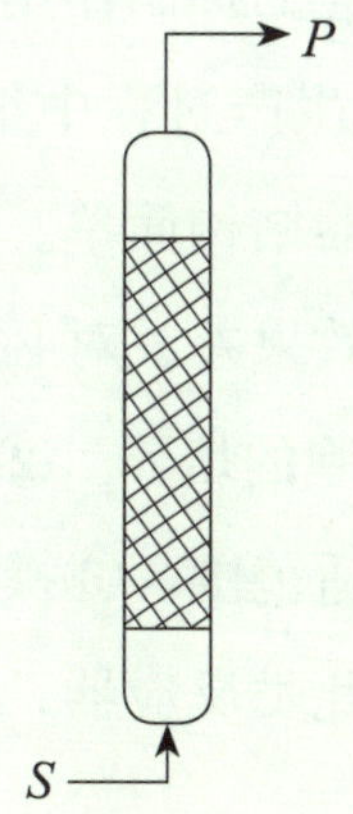

图 5-10　固定床反应器示意图

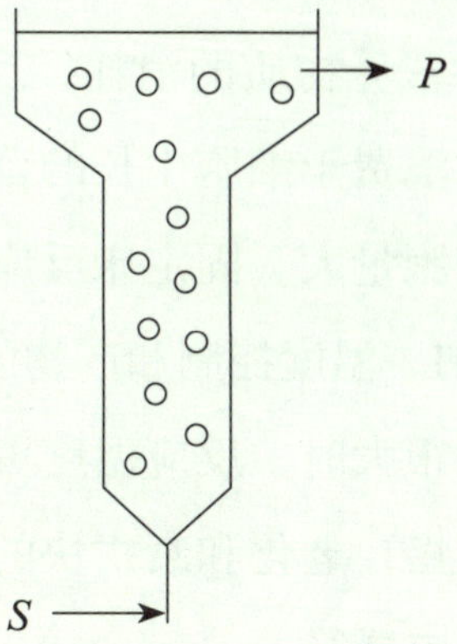

图 5-11　流化床反应器示意图

1. 固定床反应器

固定床反应器（fixed bed reactor）又称填充床反应器（packed bed reactor），是装填有固体载体将细胞固定于载体表面或内部，由培养液（营养基）流经载体颗粒和固定化细胞以实现反应过程，生产出产品的一种反应器（图 5-12）。固定有细胞的载体通常呈网状或颗粒状（粒径 2 ~ 15 mm），堆积成一定高度（或厚度）的床层。床层静止不动，营养液通过床层进行反应。它与流化床反应器及移动床反应器的区别在于载体颗粒处于静止状态。

图 5-12　固定床反应器

固定床反应器的优点是：①返混小。当反应伴有副反应时，营养液与细胞可进行有效接触，避免了副反应产物对正反应的抑制作用，或减少副反应对营养物质的消耗，反应的选择性较高。②生产过程中细胞损耗少，减少了浪费于细胞生长的营养消耗。③此类反应器结构简单。④单位体积固定细胞量大。固定床反应器的缺点是：①混合效果差，对必要的氧传递以及 pH、温度控制和产物的排除较困难，影响细胞的培养。②传热差，反应放热很大时，反应温度可能急剧上升，超过最适范围。③操作过程中细胞更新慢，老化和衰亡快的微生物一般不宜采用此类反应器，可代之以流化床反应器等。

2. 流化床反应器

流化床反应器（fluidized bed reactor）是一种装有较小颗粒的垂直塔式反应器，它是利用底物培养液以足够大的流速通过固定化颗粒层，而使固定化颗粒处于悬浮运动状态，并进行反应过程生产产物的反应器（图 5-13）。

图 5-13　流化床反应器

流化床反应器的结构形式很多，一般有以下几种分类方法：

（1）按照固体颗粒是否在系统内循环，可分为单器（或称非循环操作的流化床）和双器（或称循环操作的流化床）。单器流化床在工业上应用最为广泛，多用于细胞使用寿命较长的生产过程。双器流化床多用于细胞寿命较短的反应过程。

（2）按照床层的外形，可分为圆筒形和圆锥形流化床。圆筒形流化床反应器结构简单，制造容易，设备容积利用率高。圆锥形流化床反应器的结构比较复杂，制造比较困难，设备的利用率较低，但因截面自下而上逐渐扩大，故也具有很多优点：①由于反应器底部混合速度快，较大颗粒也能流化，防止了分布板上的阻塞现象；上部宽，混合速度较慢，减少了对细粒的磨损，提高了细小固定化颗粒的利用效率，适用于载体颗粒的粒度分布较宽的体系。②由于底部速度快，孔隙率增加，增强了分布板的作用，使反应不致过分集中在底部。

（3）按照床层中是否设置有内部构件，可分为自由床反应器和限制床反应器。床层中设置内部构件的称为限制床，未设置内部构件的称为自由床。许多流化床反应器都采用挡网、挡板等作为内部构件。设置内部构件的目的在于增进气固接触，改善气体停留时间分布，提高床层的稳定性，从而使高床层和高流速操作成为可能。对于反应速度快、延长接触时间不至于产生严重副反应的生产过程，则可采用自由床反应器。

与固定床反应器相比，流化床反应器的优点是：①利用液体的能量来悬浮颗粒。颗粒呈流化状态所需的能量与颗粒大小成正比，因此常采用小固定化颗粒，小颗粒的传质特性好。②可以实现固体物料的连续输入和输出。③由于反应器内混合程度高，流体和颗粒的运动使反应体系具有良好的传热、传质性能，反应器内部温度均匀，而且易于控制，特别适用于放热反应。④便于进行细胞的更新和连续培养，对老化快的微生物特别适用。然而，由于流化床技术的固有特性及流化过程影响因素的多样性，对于反应器来说，流化床反应器又存在一定的局限性：①由于固定化颗粒在悬浮过程中的剧烈撞击和摩擦，会使载体颗粒磨损加速，损坏固定化细胞，加上床层顶部气泡的爆裂，使部分细胞溢出，造成流失；②反应物以及氧气与载体内部的细胞之间的接触机会减少，降低了反应转化率；③反应产物在细胞周围的停留时间长，会对产物生产造成一定程度的负反馈抑制作用，降低产量。

第七节 开放式跑道池反应器

一、跑道池简介

1968 年，墨西哥首先建立了螺旋藻的跑道池养殖设施，实现了产业化培养。目前，国际上多采用开放跑道池技术进行螺旋藻等经济微藻的规模化生产，如美国和澳大利亚的一些公司等（图 5-14）。

A

B

图 5-14 微藻大规模养殖

中国对螺旋藻规模化生产的研究始于1985年国家“七五”攻关计划“藻类饲料蛋白专题”，项目采用的生产方式就是开放式跑道池。螺旋藻生长速度快、喜碱性环境，发展初期养殖成本高。中国科学家和企业家创造性地发明了温室跑道池技术。该技术是螺旋藻产业化过程中最关键的技术突破，直接带来了中国螺旋藻生物量的飞跃，同时显著降低了生产成本——较管道反应器减少1/2以上。内蒙古鄂尔多斯利用温室跑道池技术建成了530 hm^2 的螺旋藻产业园（图5-15A和图5-15B），成为中国螺旋藻养殖的中心。

A. 室内

B. 室外

图5-15 内蒙古温室跑道池

温室跑道池示意图如图 5-16，水池墙高度一般为 40 cm，培养基深度一般为 25 ~ 30 cm。温室跑道池的结构简单，搭建方便，成本较低，可实现较好的收益回报。

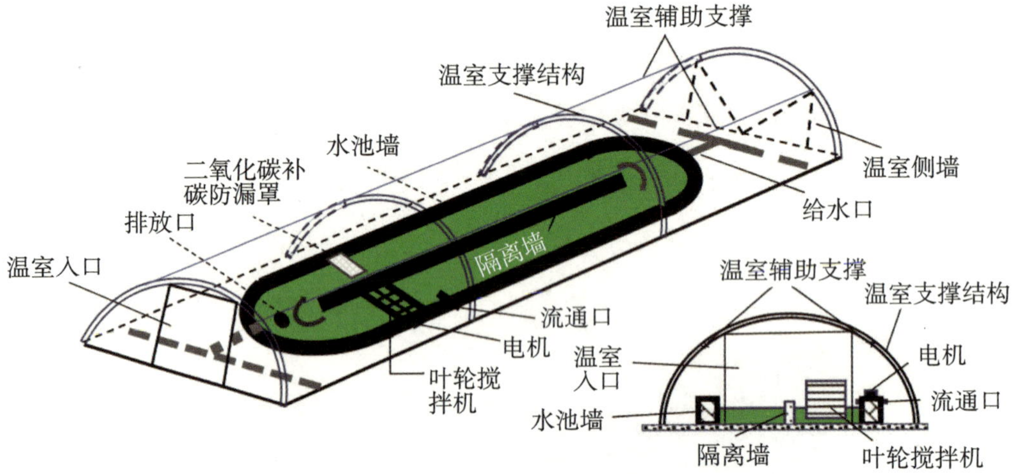

图 5-16　温室跑道池结构示意图

二、跑道池改进

1. 搅拌桨

跑道池是近年来广泛应用的微藻培养体系，无论是露天的还是温室内的跑道池，已成为相对经济的生产方式，该体系近 30 年来有深入、广泛的研究。然而，在采用跑道池培养微藻的过程中，搅拌驱动系统的能耗高居不下，成为限制微藻养殖成本进一步降低的关键因素。目前的各种搅拌系统存在很多问题，难以满足大规模、高效率微藻生产对混合强度的要求，具体体现在以下几方面：①搅拌混合产生的湍流是随机的，藻细胞的运动并不服从统一的规律；②混合强度应该合适，强度过低会出现死区，局部培养环境恶化，影响产量；③不充分的混合还会产生藻丝体团粒，降低传质能力；④混合强度过高会产生剪切力损伤藻细胞的现象。另外，目前跑道池反应器用于微藻培养的密度仍然较低（2 g/L 以下）。因此，设计低能耗的搅拌桨和提高微藻生产效率是跑道池反应器技术亟需解决的问题。

在跑道池反应器中，搅拌桨的作用是将旋转的机械能转化为流体的动能，转化的效率及流体的流场分布直接影响着搅拌的效果及生产的成本。为获得驱动液体效率高并且能耗低的搅拌桨，国内外从业人员对搅拌桨叶片形状进行了不断改良，设计了以下几种搅拌桨叶片形状，分别是传统平叶桨、锯齿形桨、前弯形桨和后弯形桨（图 5-17）。

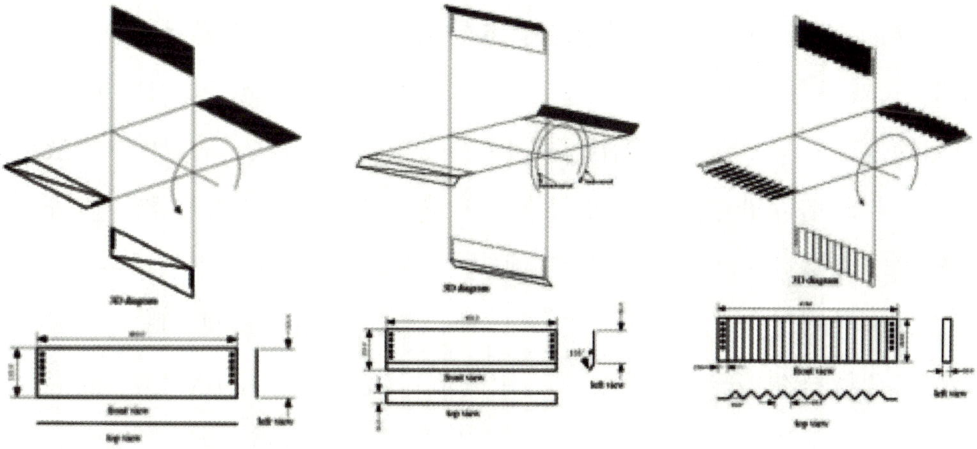

A. 传统平叶桨　　B. 锯齿形桨　　C. 前弯形桨和后弯形桨

图 5-17　三种搅拌桨叶片形状

图 5-17A 是传统最常用的平叶桨，桨面水平与桨臂呈 90°。图 5-17B 中的锯齿形桨叶参考了水产养殖和好氧曝气的明轮搅拌桨型，如明轮曝气驱动机的设计和明轮增氧机，以增加桨叶与水的接触面积。图 5-17C 的前弯及后弯形桨叶是参考常用的明轮传输设备，以增大桨叶和流体接触面积为目的，桨叶弯折处先于桨面入水则是前弯形桨，否则即是后弯形桨。

总之，跑道池反应器搅拌桨的设计应遵循以下原则：①应具有良好的轴流性能，轴向分速度较大，传送距离远，且径向速度分布均匀，速度梯度小；②应具有良好的节能性能，即低扭矩，低阻力，从而使得功耗减小；③能够使培养液进行有效混合，适量传质，流速在 0.15 ~ 0.33 m/s，以及制造成本较低和方便安装。

2. 补碳单元

微藻培养中的补碳过程是一个典型的气液传质现象，影响该过程的主要因素有混合强度、液相中游离 CO_2 的浓度（与 pH 和碱度有关）、化学反应的强化作用（如 OH^- 与 CO_2 反应生成 HCO_3^-）。如何有效地向培养体系中补加 CO_2，不仅关系到碳源成本的问题，还影响着微藻生物量产率。近年来，针对跑道池反应器，开发了一系列的补碳技术。其中，所用补碳单元的设计一般从两个方面出发以提高 CO_2 的吸收率：一是增加气液接触面积，如向培养液中鼓细小的气泡、采用喷淋的方式以及对流传质等；二是延长气液接触的时间，如设置补碳阱、鼓泡塔等。

鼓泡是最简单的补碳方式。具体地，放置烧结多孔膜、曝气石或曝气管等多孔材料在培养液底部，以一定的流量通入纯 CO_2 或含 CO_2 的混合气体。在实验室规模的微藻培养中（包括平板式光生物反应器、柱状光生物反应器、气升式光生物反应器等），一般将纯 CO_2 与空气混合，直接通入反应器中，提供混合动力的同时补加微藻生长所需的碳源；在跑道池培养的初级阶段，也采用过同样的方法（原位补碳），后发展为微藻采收时集中补碳的离线补碳方式。

尽管直接鼓泡的投资少，操作简单，但是有一些不可规避的缺点。例如，开放池一般深度较浅，气泡在培养液中的停留时间较短，鼓入的 CO_2 还没有来得及完全吸收即逸失到空气中，造成大量的碳源浪费。文献报道，按此方式补碳，CO_2 的利用率很难超过 10%。此外，多孔材料易被微藻细胞堵塞，需要经常清洗。

从延长气液接触时间的角度出发，中国科学院过程工程研究所丛威团队研发了阱式补碳装置（图 5-18），可用于开放式跑道池，实现原位补碳；也可应用于管道式光生物反应器，作为气液交换的单元，实现补碳脱氧。具体地，在开放池的池底构筑阱式补碳装置。在阱式容器里安装与容器底有 10 ~ 50 cm 间隙的垂直隔板，在容器底部安装有气体分布器。阱式补碳装置的上端沿与开放池的池底吻合，隔板略高出开放池中的培养液面，使得培养液在搅拌器的推动下，由阱式补碳装置的一端流入并经阱式补碳装置的底部后，由另一端流出，这样大大延长了气液接触时间。另一方面，在阱式补碳装置的底部安装有气体分布器，CO_2 气体通过气体分布器后，变成很小的气泡，气液接触面积也增大，这样就提高了 CO_2 的吸收率。生产实践证明，在培养螺旋藻的开放池中设置该补碳装置，碳源利用率可以达到 80% 以上，大大节约了成本。

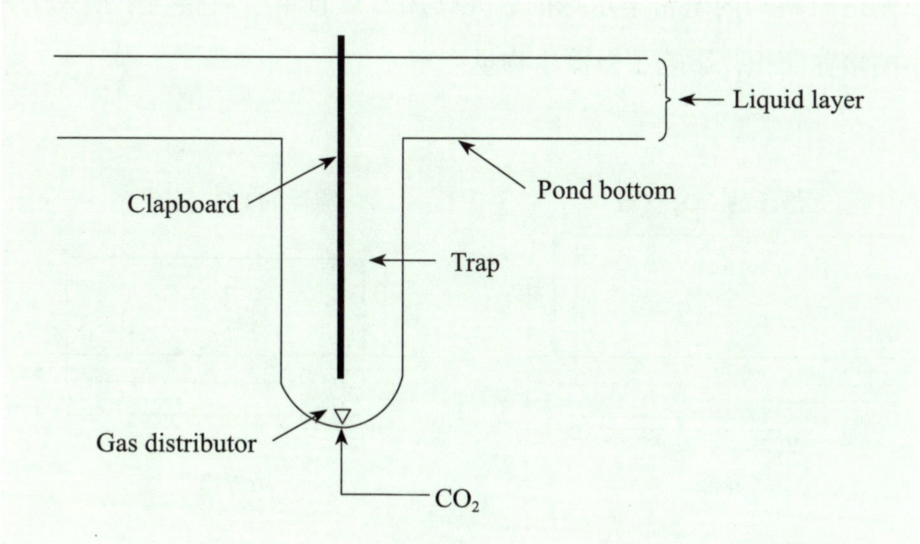

图 5-18 阱式补碳装置示意图

但是，这个补碳装置也有不足。具体的，该装置增加了开放池内液体流动阻力，导致在保持同样流速情况下叶轮驱动流体的电能消耗增加，此外，施工的工程量偏大。如图 5-19，补碳装置内的气体分布器设置在底部，培养液循环流动时，只有一部分体积（隔板的上游侧或下游侧）起到气液交换的作用，补碳装置的体积利用率不高。如果能使得补碳装置中隔板两侧的区域都成为气液交换区，则可以将补碳装置的深度减小约一半而不损失 CO_2 的利用率，从而降低能耗。基于此，中国科学院过程工程研究所进一步研发了可用于开放式培养条件下的浅阱式环流补碳技术。

罩式补碳装置有两种，一种是漂浮式罩式补碳装置（图 5-19），一种是水平浸没式罩式补碳装置（图 5-20）。具体地，漂浮式罩式补碳装置是在开放池水面上设置一个几平米的罩子，将 CO_2 气体通入罩子内，依靠罩子扣住的水面向培养液传递 CO_2。使用该装置培养螺旋藻时 CO_2 的吸收率是 85%。该方法存在的问题在于气液接触的比表面积小，随着微藻细胞的生长，罩子内会积累氧气、氮气，从而降低传质推动力。此外，由于漂浮罩子制造材料和内壁密集水珠的遮光作用，设置罩子后相当于损失了相同大小的培养面积，影响了微藻生物量产率。

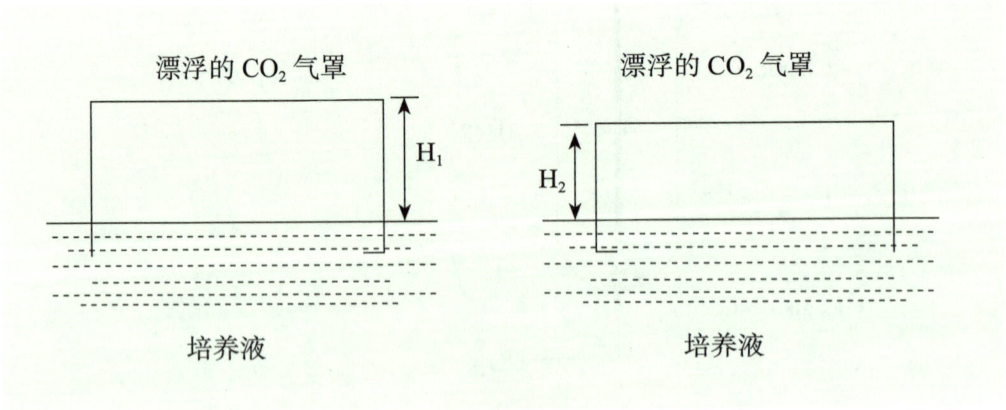

图 5-19　漂浮式罩式补碳装置

水平浸没式罩式补碳装置是指在微藻培养液中设置一个或多个罩子及气体分布器，气体分布器固定在开放池底部，罩子置于气体分布器上方。该罩子呈两端开口的筒体，沿培养液流动的方向设置。具体地，由明轮搅拌驱动培养液从罩子的一端进入，另一端出，罩子内的气体分布器距出口端 40 cm 以上，并可根据实际，调整罩子的长度以获得较高的 CO_2 吸收率。该罩子设置在液面以下，相对减少了遮光作用，理论上讲，可以使补加的 CO_2 全部吸收。在开放池内培养螺旋藻时，CO_2 利用率最高能够达到 92%，大大降低了培养成本。

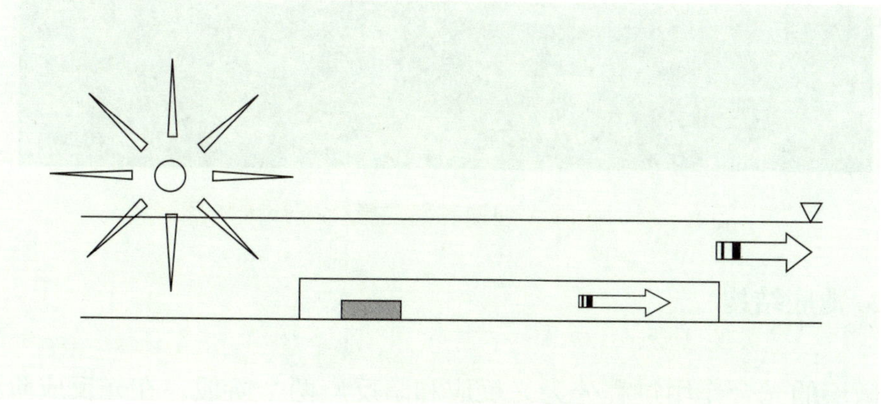

图 5-20　水平浸没式罩式补碳装置

中国科学院南海海洋研究所向文洲团队利用防漏罩实现了螺旋藻补碳养殖，通过在微孔气头鼓气点的培养物外层倒扣防漏罩，汇集二氧化碳的同时形成较大面积的气液交换面，减少开放池中直接充气补充二氧化碳的浪费（图 5-21）。补碳技术在保证获得高质量产品的同时使螺旋藻年产量提高了 20%，年碳酸氢钠用量减少了 66%，碳源成本减少了 58%。目前，中国年产螺旋藻干粉约 1 万 t，占世界总产量的 70% ~ 80%，成为全球第一大生产国。

图 5-21　微藻大规模养殖二氧化碳补碳防漏罩

3. 池底结构

微藻的光合作用过程分为光反应和暗反应两个阶段，在光反应阶段藻细胞接受光量子并转化为化学能，在暗反应阶段藻细胞利用化学能合成细胞组分，此时不需要光照甚至光照反而有害。如果藻细胞以特定频率（通常高于 1 Hz 的频率）在光生物反应器的光区与暗区频繁置换时，会产生“闪光效应”，光能的利用率会得到很大提高。基于该原理，如果能实现藻细胞在跑道池的表层（光区）和下层（暗区）之间的来回穿梭，就可使得接受光照的藻细胞及时进入暗区进行暗反应，同时使得暗反应后的藻细胞及时返回光区再次接受光照。在跑道池池底设置挡板，提高混合效率，可以起到一定的“闪光效应”，增加微藻的生物量产率。图 5-22 是中国科学院过程工程研究所团队开发的一种用于微藻大规模培养的挡板开放池。

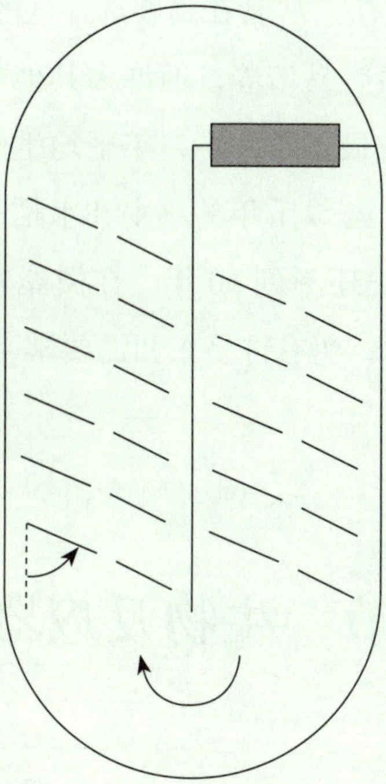

图 5-22　挡板式跑道池示意图

除上述针对跑道池池底进行的改进外，在传统的大规模培养微藻的跑道池内，为了生产上清洗池子方便，池底通常带有一定的坡度。一般结构是一端的池底高于另一端的池底，100 m 流道长度的落差为 10 cm 左右。在这样的池子中只能进行液层平均深度 20 ~ 30 cm 的微藻培养，否则，在开放池的高端位会因为液层浅、细胞密度低而产生“光漂白”，即对藻细胞而言光照过强而抑制生长甚至死亡。

三、总结

早在 20 世纪五六十年代，人们就首次尝试在跑道池等开放式户外培养系统中培养微藻，截至目前，这已成为产业现实，也是目前全球大多数商业微藻生产工厂采用的方法。尽管在高度选择性的环境中生长的杜氏盐藻、螺旋藻和小球藻等物种最容易培养，但许多其他藻种也已成功实现了规模化培养。常规经济微藻在最佳条件下，年平均生产率可达到每天每平方米 20 g 以上的干重。然而，与数千年的小麦和水稻等陆地作物种植相比，微藻的大规模“养殖”历史还不到 60 年，在微藻养殖和大规模户外微藻培养管理、系统改进等方面，仍有许多东西需要学习。

第八节　生物反应器设计

以上各种类型的生物反应器都可供使用，但没有通用的理想反应器。在微藻培养工程中，反应器的研制和选择是一个十分重要的问题。在选择反应器时，除应考虑各种微藻自身的特点与要求、培养基和产物的物理化学性质以外，还需考虑生产成本、操作方式便利和可控及反应器应用的可塑性等因素。在生产中，必须根据具体情况，针对系统的特点，选择、设计和使用合适的反应器。

生物反应器是生物技术产品进行工业化生产的关键设备，近几年正向大型化、多样化、自动化发展。我国在生物反应器技术方面的基础研究和技术开发有一定基础，但缺乏系统工作，力量也很薄弱，反应器体积放大较小、反应器类型不多、检测参数少、控制功能弱，已经成为制约我国微藻生物技术产品工业化生产的一大障碍，需要认真解决。

一、生物过程优化与放大技术

具有先进的反应器培养条件优化和放大能力是生物反应器设计的核心技术。在生物反应器中所发生的反应是细胞代谢调节和反应器机械混合传递等多尺度（水平）的，因此，利用生物反应器中的多参数检测技术和在线计算机控制与数据处理技术，把细胞在反应器中各种表型数据与代谢调控研究结合起来，甚至智能化，是反应器中培养条件优化、放大与监测控制的重要内容，也是当前国内外竞相发展的具有原创性的知识产权技术，对促进微藻培养工程产业化发展具有重要意义。因此，提供包含以上功能并具有自主知识产权的商品化生物反应器应是我国生物反应器产业的重点之一。

二、生物反应器设计的基本原则与要求

（1）生物反应器应具有适宜的高径比，一般高径比为 2.5：4。

（2）生物反应器要能承受一定的压力。由于反应器在在位消毒和正常进行培养工作时，有时反应器内有一定的压力和温度，因此反应器各部件要有一定的强度，能承受一定的压力，特别是反应器往高度方向上放大时的压强问题。

（3）生物反应器的通风搅拌装置要使气泡分散细碎，这样混合效果才好，对二氧化碳的利用率也高。

（4）生物反应器应具有足够的换热面积，利于根据反应的需要降温或升温。

（5）生物反应器内应尽量减少死角，提高反应效率；同时避免清洗困难，引起杂菌、杂藻、原生动物等的侵染。

（6）生物反应器的法兰、传感器接口、搅拌器轴封等要严密，不能泄漏。通气管要防止在突然停电或其他原因下失压时，发生液体倒流。

（7）通入反应器的气体，包括空气、二氧化碳，甚至烟气、尾气的过滤与混合等技术与工程问题。

三、搅拌器

带搅拌装置的生物反应器，在设计时要根据反应器的高度确定搅拌器的组数，根据反应器的直径、培养基的黏度、搅拌器的制作材料，确定搅拌桨的形状、大小、桨叶的数量、臂长等参数。同时对丝状细胞和藻类细胞培养用反应器的设计，需注意使其剪切力尽可能小。

四、换热装置

微藻培养过程中，需要光照，甚至高强度光照，必然导致培养体系温度升高。有的工程项目还是在炎热地区、炎热气候，甚至沙漠生产，这都不可避免地会带来一个温度控制问题。为使反应能够抑制维持在适宜的温度条件下进行，同时又保证足够的光照强度，往往就需要对反应器进行换热操作和设计。因此，大多数反应器都设计有换热装置。常用的换热方式有：外夹套式、内排管式、座套式和喷水式装置等。

五、消泡装置

大多数微藻生物反应过程中，特别是超高密度培养过程（伴随细胞多糖的产生）、培养基中含有有机碳源氮源的异养培养和混合培养过程，常会伴随有泡沫在液相顶部的形成。因此，在许多微藻生物反应器中除了使用化学消泡剂之外，有时还设计安装有消泡装置（图 5-23、图 5-24）。

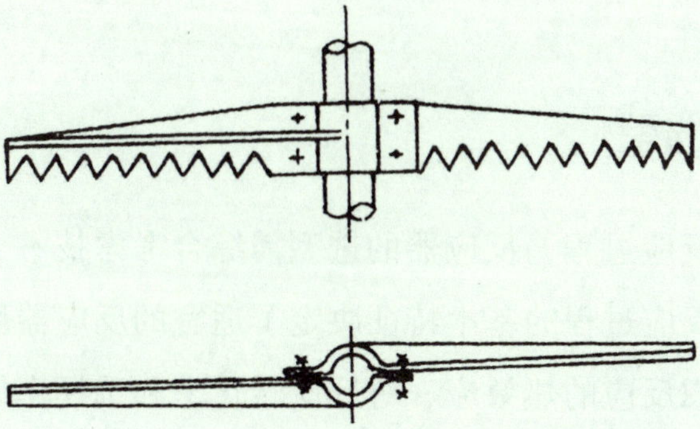

图 5-23　耙式消泡器

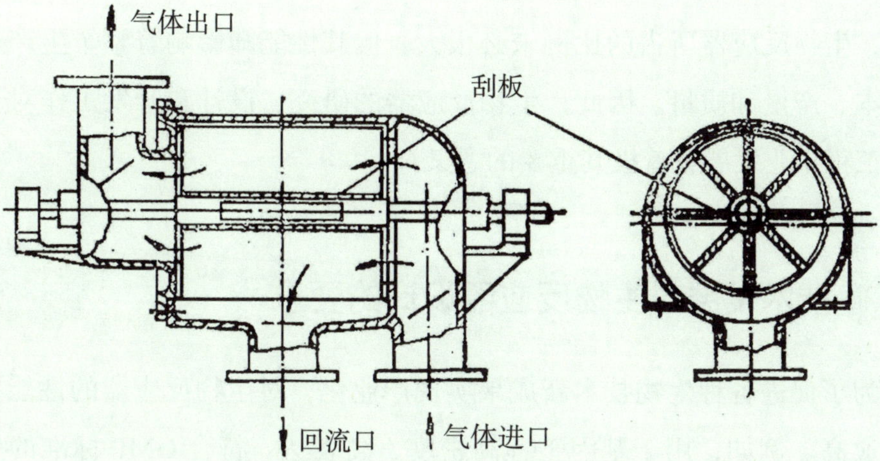

图 5-24　刮板式消泡器

六、监控系统和传感器

温度、pH、溶解氧、转速、湿度、压力、黏度、盐度、透光度等与反应器配套使用的各种传感器，正在实现国产化，价格在降低，稳定性和灵敏度在不断提高；而且既能在现场实地观察发酵变化，也可对发酵过程实施远程监控的计算机在线自动监控已经研发成功，正在进一步完善中。

七、反应器选型

对于特定的反应过程，反应器的选型需综合考虑技术、经济及安全等诸方面的因素。反应过程的基本特征决定了适宜的反应器形式。但是适宜的选型还需要考虑反应的热效应、对反应转化率和选择率的要求、细胞的特殊要求、培养基的黏度等物理化学性质等多种因素。此外，反应器的操作方式和加料方式也需考虑。

反应器在微生物工业生产中占有重要地位。在全部建设投资和生产费用中，生物反应器所占的比例未必很大，但其性能却影响着整个生产过程的成本、产量和质量。因此，生物反应器的研究、设计和开发工作对于微生物工程工业发展有着极其重要的意义。

八、技术发展对生物反应器设计的要求

为了促进各种生物技术新成果实现产业化，对生物反应器的性能要求愈来愈高。例如，用于基因工程高密度、高表达，符合 GMP 标准的生物反应器以及一些新技术的应用等。其中关于高效供氧、快速升温、自动灭菌、自动清洗、机械密封、排气处理、营养成分分析并自动添加、细胞密度自动检测并自动采收等问题都需很好解决。再如，哺乳动物细胞大规模培养是生产人工血液、高附加值药品的重要发展趋势。根据动物细胞无细胞壁，对剪切力极端敏感，细胞容易分化和凋亡等特点，要求生物反应器

需具备低剪切效应，混合性能好等，还要提供细胞形态在线观察和活细胞数量的传感技术，严格控制反应器的操作条件等。

用于细胞培养过程生理特性和物质传递特性研究的生物反应器的研制，需要解决用于过程分析的各种传感器的选型和数据处理软件的研制；微生物基因工程和分子生物学的发展，则要求生物反应器监控技术不仅限于参数传感反馈控制技术，同时向信息处理为基础的生物过程检测与分析发展；新技术的发展还需要将各种色谱、光谱分析与生物反应器培养、细胞生长繁殖、营养元素消耗、产物积累等数据关联起来，提供各种自动控制模式。

随着生物技术在各领域的推广应用，用于海洋藻类、微生物肥料、微生态饲料、可持续利用生物新能源、污水处理等领域的工程，需要为细胞培养提供大规模、高效率、低成本的新式生物反应器的设计、研制与应用研究。

九、生物反应器相关技术和产品的研发

与生物反应器相关的产品和技术的发展，对反应器本身的改进影响巨大。特别是反应器主体及其各种配件的制作材料的改进，对反应器的放大、对反应器的应用范围都有直接影响。与反应器相关的配套设备及零部件技术的进步，对降低反应器的价格，提高反应器的性能都有至关重要的作用。如各种传感器技术（材料、耐热性、耐压能力、灵敏度、稳定性、信号处理等技术）、计算机软硬件技术、高压泵技术、膜技术、反应器湍流模型设计、新机械结构和新材料等。此外，随着信息处理技术的发展，大批量数据处理、远程在线监控技术，也应该早日在微生物工程领域得到更广泛应用。

十、产品标准化、通用化

为了生物工程产业的建立和快速发展，生物反应器的工业化生产和商业化销售，需要建立生物反应器生产标准，实施规范管理，并逐渐实现配件通用化，这样才能提供符合用户要求及质量稳定的产品。主要内容有：成套加工的工艺技术路线的确定与质量控制研究；对生物反应器制造过程，如材料、焊接、表面处理、零部件机加工、安装流程、仓库管理、运输、调试与售后服务等都要严格制定与实施质量标准；对原材料、配件等要确立与实施严格的质量检验标准，如传感器、空气过滤器、阀件、流量计、无油气泵等关键部件的测试标准的建立与研究，整机性能测试标准的建立与研究，产品质量过程控制程序的确立与实施等。

参考文献

丛威，刘明，吴霞，等．用于开放池培养微藻的水平浸没罩式补碳装置及其补碳方法［P］. 北京市：CN201210138845. 8, 2014-04-30.

吴华莲，李涛，王广华，等．一种通过 pH 值控制微藻开放池补加 CO_2 的系统［P］. 广东省：CN201520802903. 1, 2016-02-24.

AGBEBI T V, OJO E O, WATSON I A, 2022. Towards optimal inorganic carbon delivery to microalgae culture［J］. Algal research-Biomass Biofuels and Bioproducts, 67: 102841.

AĞBULUT ü, SIROHI R, LICHTFOUSE E, et al., 2023. Microalgae bio-oil production by pyrolysis and hydrothermal liquefaction: Mechanism and characteristics［J］. Bioresource Technology, 376: 128860.

BAO Y L, LIU M, WU X, et al., 2012. In situ carbon supplementation in large-scale cultivations of *Spirulina platensis* in open raceway pond［J］. Biotechnology And Bioprocess Engineering, 17(1): 93-9.

CHEN J, WANG Y, BENEMANN J R, et al., 2016. Microalgal industry in China: challenges and prospects [J]. Journal of Applied Phycology, 28(2): 715–25.

CHEN Z S, LI T, YANG B J, et al., 2021. Isolation of a novel strain of *Cyanobacterium* sp. with good adaptation to extreme alkalinity and high polysaccharide yield [J]. Journal Of Oceanology And Limnology, 39(3): 1131–42.

CONG W, LIU M, WU X, et al. Horizontal Submerged Cover–Type Carbon Supplement Device and Its Method for Culturing Microalgae in Open Ponds [P]. Beijing: CN201210138845. 8, 2014–04–30.

DEMIRBAS A, 2017. Production economics of high–quality microalgae [J]. Energy sources part b–economics planning and policy, 12(5): 395–401.

FERREIRA B S, FERNANDES H L, REIS A, et al., 1998. Microporous hollow fibres for carbon dioxide absorption: Mass transfer model fitting and the supplying of carbon dioxide to microalgal cultures [J]. 71(1): 61–70.

FU J W, HUANG Y, LIAO Q, et al, 2019. Photo–bioreactor design for microalgae: A review from the aspect of CO_2 transfer and conversion [J]. Bioresource Technology, 292: 121947.

GAO F, GE B, XIANG W, et al, 2021. Development of microalgal industries in the past 60 years due to biotechnological research in China: a review [J]. Scientia Sinica(Vitae) , 51(1): 26–39.

LIU X Y, HONG Y, HE Y T, et al., 2019. Growth and high–valued products accumulation characteristics of microalgae in saline–alkali leachate from Inner Mongolia [J]. Environmental Science and Pollution Research, 26(36): 36985–92.

NDIAYE M, GADOIN E, GENTRIC C, 2018. CO_2 gas–liquid mass transfer and $K_{L,\,a}$ estimation: Numerical investigation in the context of airlift photobioreactor scale–up [J]. Chemical Engineering Research & Design, 133: 90–102.

PUTT R, SINGH M, CHINNASAMY S, et al, 2011. An efficient system for carbonation of high–rate algae pond water to enhance CO_2 mass transfer [J]. Bioresource Technology,

102(3): 3240-5.

RUSSO M E, CAPASSO C, MARZOCCHELLA A, et al, 2022. Immobilization of carbonic anhydrase for CO_2 capture and utilization [J]. Applied Microbiology and Biotechnology, 106(9-10): 3419-30.

SATHASIVAM R, RADHAKRISHNAN R, HASHEM A, et al., 2019. Microalgae metabolites: A rich source for food and medicine [J]. Saudi Journal of Biological Sciences, 26(4): 709-22.

SOARES F R, MARTINS G, SEO E S M, 2013. An assessment of the economic aspects of CO_2 sequestration in a route for biodiesel production from microalgae [J]. Environmental Technology, 34(13-14): 1777-81.

SU Z F, KANG R J, SHI S Y, et al., 2010. An effective device for gas-liquid oxygen removal in enclosed microalgae culture [J]. Applied Biochemistry and Biotechnology, 160(2): 428-37.

SU Z F, KANG R J, SHI S Y, et al., 2010. Study on the destabilization mixing in the flat plate photobioreactor by means of CFD [J]. Biomass & Bioenergy, 34(12): 1879-84.

TANG D Y Y, KHOO K S, CHEW K W, et al., 2020. Potential utilization of bioproducts from microalgae for the quality enhancement of natural products [J]. Bioresource Technology, 304: 122997.

THOBIE C, GADOIN E, BLEL W, et al., 2017. Global characterization of hydrodynamics and gas-liquid mass transfer in a thin-gap bubble column intended for microalgae cultivation [J]. Chemical Engineering And Processing-Process Intensification, 122: 76-89.

TORRES-TIJI Y, FIELDS F J, MAYFIELD S P, 2020. Microalgae as a future food source [J]. Biotechnology Advances, 41: 107536.

UGHETTI A, RONCAGLIA F, ANDERLINI B, et al., 2023. Integrated carbonate-based CO_2 Capture-biofixation through Cyanobacteria [J]. Applied Sciences-Basel, 13(19): 10779.

VALDéS F J, HERNáNDEZ M R, CATALá L, et al., 2012. Estimation of CO_2 stripping/CO_2 microalgae consumption ratios in a bubble column photobioreactor using the analysis of the pH profiles: Application to *Nannochloropsis oculata* microalgae culture [J]. Bioresource Technology, 119: 1−6.

VASUMATHI K K, PREMALATHA M, SUBRAMANIAN P, 2012. Parameters influencing the design of photobioreactor for the growth of microalgae [J]. Renewable & Sustainable energy reviews, 16(7): 5443−50.

WU H L, LI T, WANG G H, et al. A System for Supplementing Carbon Dioxide in Open Microalgae Ponds through pH Control [P]. Guangdong Province: CN201520802903. 1, 2016−02−24.

XU X Y, KENTISH S E, MARTIN G J O, 2021. Direct air capture of CO_2 by microalgae with buoyant beads encapsulating carbonic anhydrase [J]. ACS Sustainable Chemistry & Engineering, 9(29): 9698−706.

YANG C, LI R, ZHANG B, et al., 2019. Pyrolysis of microalgae: A critical review [J]. Fuel Processing Technology, 186: 53−72.